当妈后别自责

让你停止内耗与自我否定，不再崩溃的
55 种破局思维

〔德〕米歇尔·柳西　　〔德〕卡塔琳娜·施庞勒◎著

曹　颖◎译

北京科学技术出版社

序

当你决定成为妈妈的时候，你一定知道自己的生活将会发生变化，但你一定没有料到这种变化是翻天覆地的。你又怎么会知道呢？关于"妈妈"这个身份，向来只有站在孩子的角度写的"使用说明"——从该怎么换尿布到如何面对青春期的叛逆；却似乎很少有站在妈妈的角度写的"用户手册"，没人告诉选择成为妈妈的你：分娩是什么样的过程，喂奶是如何的艰辛，照看只会用哭来表达诉求的"小动物"是多么需要耐心。而在这一地鸡毛中，那个当初光鲜亮丽的你不见了踪影。所以，我们太需要一本教初为人母的女性如何关爱自己的书了。而这本书就是这样一本"用户手册"，它提醒所有妈妈——关爱自己才是成为妈妈的第一步。

迈出第一步真的很难。接到这本书推荐邀约的时候，我刚刚成为妈妈3个月。作为研究孕期女性心理健康和母婴互动的学者，并且我一直觉得自己是一个情绪非常稳定的人，我本以为自己对初为人母这件事胸有成竹，自然会好好关爱自己。没想到，我仍然有多次情绪崩溃的时刻，也多次受到自我怀疑的困扰，以至于完全忽略了自己的感受。成为一个"完美妈妈"的想法主导着我的生活：我想在孩子醒着的每一刻都跟她温柔互动；我会勤快地给她洗脸、涂润肤露，想让她身上一直光滑，不长疹子；她睡得时间长了我担心她会饿，睡得时间短了我又担心她的大脑发育；即使在她睡着的时候，我也会翻翻育儿书或上网浏览育儿信息，看看与别的孩子相比她是不是哪里落下了。与此同时，月子里奶水不足的我还想尽办法催奶，希望实现全母乳喂养。我还每天称体重，希望能尽快回到孕前体重。现在回想起来，那时的我完全是在自己逼自己。我很幸运，家人从来没有对我提过任何要求或给过我任何压力，我之所以逼自己，都是脑子里那些错误的观念（也就是本书中的小评）在作祟！

以前，我虽然在孕期心理健康和儿童发展 / 教养方面有十几年的理论积累，但是没有真正养育过孩子，很难想象一个妈妈会在多少场景中自我怀疑、自我批判。因此，我很喜欢书中用小评这个角色将妈妈脑海里那些负面声音传达出来的做法。借助小评的嘴，作者将妈妈在分娩、育儿、工作、夫妻关系等方面的诸多错误观念外化，让我看到我对自己有多么严苛。对我帮助更大的是，书中还塑造了小友这个角色。在小友的帮助下，我完成了心理学中所说的"认知重评"的工作。真希望每个成为妈妈的女性都有一个小友常伴身边，在自责和自我怀疑时能感受到无条件的支持。

十几年来，我一直从事儿童发展的研究工作，关注家庭的教养行为对孩子情绪发展的塑造作用。近几年来，我的研究重点逐渐转到了围产期和生命早期，旨在追溯情绪问题的根源。我发现，妈妈在孕期和产后的情绪状态不仅影响她自己的幸福感，而且还影响她和孩子的互动模式、依恋关系，这一切又是孩子发展情绪识别、理解、表达和调节等多种能力的基础。特别是，我们课题组研究发现，妈妈自己情绪失调是一个占据中心位置的危险因子。情绪调节困难的妈妈不仅更容易出现抑郁、焦虑等问题，而且在和孩子的互动中也很难捕捉到孩子发出的信号，甚至会表现出一些侵犯性的行为。而情绪调节困难的负面影响在孕期就已显现。

这一系列的研究强调了妈妈在塑造儿童发展环境中的重要作用，但我在写论文和科普文章的时候一直特别谨慎，因为稍不小心，这些结论就会被解释为妈妈要为孩子的一切"背锅"——谁让你不是一个情绪稳定的妈妈呢？！可是，初为人母时，身材和体内激素的剧烈变化本身就是导致妈妈情绪波动的重要因素，并且是不可控的，也给妈妈带来了情绪困扰。我们怎能让妈妈在承受这份情绪负荷的同时，又要为可能给孩子带来负面影响而自责呢？而令人痛心的是，这种无论如何都是妈妈承担责任的困境，似乎是她们经常要面对的。例如，妈妈花时间陪伴孩子就要承担在职场中落于人后的风险，她花时间拼事业就会为没能做一个"在场"（present）的妈妈而自责。

所以，我很高兴这本书可以出版，并且希望所有期待成为妈妈、马上成为妈妈、已经成为妈妈以及对妈妈的角色好奇的女性能读一读它。你需要知道，你对自己的批判在大多数情况下并不成立，只是社会对你有诸多不合理的期待，以及你对自己的要求过于严苛罢了。书中每一种让妈妈情绪失控或者陷入自我怀疑的情境，都为你提供了非常好的练习机会：如果你已经成为妈妈，你会发现你并不孤单，别的妈妈和你有同样的困境；即便你尚未成为妈妈，你受到的批判可能也并不少，所以你可以现在就学会如何面对。

高梦宇

2025 年 3 月　于北京师范大学

目

录

第四章 教 育

第五章 有孩子后的生活

阅读指南

本书将帮助你应对每天因身为妈妈而产生的自责这种情绪。**你要先读第一章"自责"**，从中了解你为什么会自责，以及该如何将自责情绪分类。

在第一章中，你会遇到两个"人"，她们将陪伴你读完整本书。

- 你内心的批评者——**小评**。
- 你内心的朋友——**小友**。

书中会反复提到她们。从第二章开始，在每一节的最后，你都会看到一些对话，那是她们在讨论你内心的想法。在这些对话中，小友为你提供了宝贵的建议，让你可以自信地面对来自内心及外界的批评。

读完第一章之后，你就可以根据自己当下所感受到的自责情绪，选择任意章节来读。本书每一章的主题都不同，你可以从中找到让你产生自责情绪的最常见的原因，但可能无法找到所有的原因。小友能帮助你应对各种场景下的自责情绪。

本书为你提供了很多练习和建议，并用相应的图标（见下页）标记了出来。某些章节还设置了专门的"专家建议"板块。

需要用到纸和笔的练习

其他练习或建议

提示

在家庭模式多样化的社会背景下，本书所探讨的家庭模式不仅包括典型的核心家庭，还包括重组家庭、单亲家庭等。

揭露欺骗性自责的真相，
让它没有机会在你内心生根发芽。

1

第一章

自　责

每个人都有过自责这种情绪。那么，什么是自责情绪？它从何而来？以及最重要的一点：它为什么如此执着地纠缠着我们这些做妈妈的人？本章将解答这些问题。在本书后面的章节中，我们会帮你化解或利用自责情绪，届时本章所介绍的这些背景知识会非常有用。下面就来剖析一下自责情绪。

　　为人父母者平均每周会有 23 次感到自责，也就是说，平均**每天超过 3 次**！你呢？你计算过吗？可能还没有。因为人们通常很快就会习惯自责情绪，并且以某种方式忍受自责情绪。但既然你拿起了这本书，那就说明这种情绪可能也正在困扰着你。

　　教育学家玛格丽特·斯塔姆（Margrit Stamm）在研究中发现，70% 的女性都缺乏安全感，并且有自责情绪。这也就意味着，大多数妈妈在日常生活中经常会自责。尽管这么做没有必要，但她们还是经常这么做。相信你也一样。毫无道理的自责会带给你很多压力，使你变得紧张，并降低你的自我价值感，因此，我们有充分的理由对其进行深入研究。

什么是自责？

　　自责是一种令人感到不快的心理状态。该如何描述这种状态呢？每当你觉得自己没有达到别人或自己的期望，或觉得伤害了别人而应该受到责备时，就是这种感觉在折磨你。**简而言之，自责就是当你觉得自己没有做或没有正确地做应该做的事时，所产生的一种情绪反应。**那么问题来了：什么是"应该做的事"？怎么做才算"正确"？觉得应该对自己的行为负责难道不是一件好事吗？

　　为了更好地了解自责这种情绪，我们从头开始梳理。自责可以分成两种截然不同的类型：合理的自责和欺骗性自责。

合理的自责

当你确实有过错时，你的自责就是合理的自责。例如，你故意弄疼了自己的孩子，那么这确实是无可辩驳的错误行为，是绝对不允许的。当你有选择的时候，你做了（或没做）某事，从而伤害了他人，那么你就会感到自责，这种自责是**真正的、合理的自责**。这种自责对于人类的生存和共同生活是非常重要的——只有这样，我们才能够在群体中生存，因为我们会相互体谅，提醒自己不要伤害他人。

因此，合理的自责可以被看作"道德警察"，如果你要避免它对你的惩罚，就要在人际交往中遵守某些规则。违反规则并不总是指有严重的违法行为。恰恰是那些微小的错误，可以让你从中吸取教训，这有利于你日后注意自己的言谈举止。因为你会反思，尝试与他人共情，并鼓励自己做出改变。

但是，每天都伴随着你、像耳鸣一样不断侵蚀着你的神经的欺骗性自责，就是另一回事了。它更为复杂，本书讲述的就是这种不健康的自责。

欺骗性自责

你并不需要真的对某件事感到愧疚，却有愧疚的感觉时，就会产生习得性的、欺骗性的自责情绪。这背后是已经植根于你内心的理念，其中很多形成于你的童年时期。你如果没有意识到这一点，就很难与这种情绪抗衡。这些不健康的理念也可能来自社会期望，被各种各样的人强加在作为妈妈的你身上。它们具有欺骗性！

以你作为妈妈的一天为例：今天你没有带孩子去游乐场，而是去见了一个朋友，这让你感到自责。事实上，你度过了一个愉快的下午，但你仍然会感到自责，这是因为你认为孩子的需求（锻炼和玩乐）比你的需求（社交和放松）更重要。但其实，**所有家庭成员的需求是同等重要的，只是它们有时也会分先后缓急。**孩子的需求固然重要，但你的需求也应该被倾听和满足。你的需求正当合理，甚至更为重要，只是你现在还没有体会到而已。

欺骗性自责在你的一生中如影随形，并且经常会在日常琐事中出现。它的糟糕之处在于，它会伤害你的感情，降低你的自我价值感，这非常不利于你的身心健康。它在你的脑海中萦绕不散，甚至让你无法入眠。与合理的自责不同，欺骗性自责对你没有任何益处。它不会帮助你做出改变，只会拖慢你的脚步，让你陷入困境。为什么呢？**因为这种自责不仅会让你责备自己的行为，还会让你怀疑自己作为人存在的意义。**自我批评并没有错，但自我贬低是不对的。不过，说起来容易，做起来难！在本书中，我们将教你如何对抗欺骗性自责。

自责的形成原因

希望你能明白，没有人是背负着自责来到这个世界的，你也不例外！自责是在生活中形成的，它由以下因素决定：

- 你的童年。
- 你所处的环境。

- 你的价值观。

- 你的文化背景。

- 你所接触的人。

- 你的性格特点。

自责情绪的出现总是遵循相同的模式。

1. 你想做或不想做某事（通常是出于某种需要）："我想（不想）……"

2. 这种愿望与某种主流认知不符："我（不）应该……/ 我（不）可以……/ 人们（不）会……"

3. 你之所以害怕偏离主流认知，是因为你担心会产生不愉快的后果，更担心被你所在的群体孤立。

➡ 你想做某事，但同时害怕这样做了之后会产生不良后果。因此，你要么违背自己的心意不去做这件事，要么就心怀忐忑去做这件事。

还以前面的例子来说明。

1. 你想和朋友见面，因为你渴望与他人交流。（愿望 / 需求 / 行动意图）

2. 但你的认知阻碍了你的这一意图："别人的需求，尤其是我的孩子的需求，永远比我自己的需求更重要。"（反对意见）

3. 你害怕自己对待孩子的方式不公平，害怕自己成为一个不称职的妈妈，害怕这会伤害你和孩子的亲子关系或阻碍孩子的发展，害怕别人因此对你有不好的评价。（害怕不良后果）

➡ 所以，你要么带孩子去游乐场，要么带着自责去见你的朋友。

相信你已经意识到这种自责是多么不合理，但它确实存在，并且存在于你的潜意识里。你往往不知道自责的真正原因，有时甚至无法意识到它的存在。它早已牢牢地扎根于你的内心，隐藏在你大脑的某个角落里，你很难有意识地挖掘它的根源。

自责的来源

我们来分析欺骗性自责的主要来源。

自己的错误观念

在童年时期，你对自己有很多期待。你的父母告诉你，有些行为是不可取的，所以你尽量避免这些行为，因为你不想破坏与父母的关系。如果做不到这一点，你就会自责。

你是不是总听到一些评论，让你觉得自己的行为是错误的、令人讨厌和不可取的？那么，你就很可能在某个时候，把外界的批评转化成自责。你觉得自己是做了"错事"的人，最坏的情况下，你甚至会怀疑自己存在的意义。同时，你可能会试图取悦所有人。精神分析学家马赛厄斯·赫希（Mathias Hirsch）将这种自责称为"根本性自责"——觉得自己碍事，不被需要，是别人的负担，等等。它从许多人的童年就开始伴随着他们一生。

就算你没有立即开始自我怀疑，诸如"我永远不够好""我的需求不重要""我有责任让周围的人过得好"等错误的观念也会从童年开始伴随你的一生。如果你的妈妈一遍又一遍地对你说"如果你这样做，我会很伤心"，那么你就很容易自责。

你为什么容易自责？

从理论上来说，在你小时候，你的父母当然也知道让孩子为成年人的感受负责是无稽之谈。你无论何时都不需要为身边成年人的感受负责——因为你只需要为自己的感受负责。你的父母肯定不是故意要求你为他们的感受负责的！但当你做了妈妈，出于对孩子的担忧和过高的期待，你还是会让孩子产生自责情绪和错误观念。这是因为单纯地要求孩子比与孩子平等地交流要容易得多。换句话说，你还不知道如何正确地进行亲子沟通。

你如果已经对孩子说过这样的话或与此类似的话，也千万不要自责。毕竟，人无完人，父母偶尔的不当言行并不会毁了孩子的一生。

外界的期望

就像童年的烙印一样，社会对你的期望也会影响你，让你无数次自责。近几十年来，这种现象愈演愈烈，因为当今社会越来越看重成就和责任感。你永远有需要关注和改进的事情，这就导致你很少能让自己和别人感到满意。

在生活中，你或许经常听到这样的话："一定要做得越来越好，一定要有更大的作为！"这样的话听得太过频繁，以至于你把它当成了自己的人生信条，并对自己抱有这样的期望。你对自己在生活中扮演的所有角色都有这样的期望：你想成为父母心目中完美的孩子，在工作中有出色的表现，让伴侣感到幸福，成为朋友最依赖的人，并在某个时候开始成为一个完美的、永远有耐心的、随叫随到的、总是竭尽所能提供帮助的妈妈（**见第 98 页"救命！我现在只是一个妈妈？"**）。

这给作为妈妈的你造成很大的压力。这种"要有作为"的想法本身就是不健康的，追求无法实现的理想也不健康。此外，有太多的信息都在教你如何成为一个真正的好妈妈，这让你更加无所适从。因为这些信息多到你根本无法处理，并且它们可能是相互矛盾的：母乳喂养到孩子 6 个月比较好，还是 2 年，甚至更长时间？孩子和父母睡在一张床上究竟是危险的还是有利于安抚孩子？将 3 岁以下的孩子放在托育机构是会伤害孩子还是会极大地促进孩子的成长？产后应该重返工作岗位还是应该全身心陪伴孩子？……

许多观点都会不请自来地压在你身上。同时，想必你也试图从海量信息中找到自己的方向，结果却发现信息量变得更大了。我们认识的很多妈妈都会为了找出最适合自己宝宝的防晒霜、最好的瓶装辅食或最环保安全的玩具而花费大量的时间和精力。这非常容易让你误入歧途！信息的确是好东西，但过量的信息对所有人来说都是一个可怕的陷阱。

媒体的作用

遗憾的是，媒体在我们的自责中扮演了重要角色：我们每天都能看到一些精美的图片，上面是布置整洁的公寓、漂亮的生日蛋糕和身着精心搭配的衣服的孩子，并且他们的衣服没有一丝瑕疵。还有一些图片上是分娩 3 天后的妈妈，她们仍然穿着怀孕前的牛仔裤，微笑着站在打扫得干干净净的客厅里，抱着孩子等待客人的到来。你应该知道，现实生活并不是这样的。但在这些摆拍并经过后期处理的图片的冲击下，你就会觉得这或许就是现实，甚至觉得生活本该如此。因此，你就会在混乱的日常生活中感到挫败和孤独。

其他因素

除了外界的期望和自己的错误观念，还有一些因素会让你特别容易自责。其中有些肯定是由遗传决定的，但我们将要提到的许多因素是在你的生活中逐渐形成的，就像你的观念一样是后天形成的。你也可以像应对你的错误观念一样来应对这些因素。

以下几种人更容易产生自责情绪。

- 完美主义者。

- 自我价值感低的人。

- 特别敏感或有同理心的人。

- 责任心强的人。

- 很难说"不"的人。

● 没有学会很好地应对压力的人。

妈妈们之间的"战争"

除此之外，妈妈们之间的"战争"也会让你的生活变得更加艰难。这种"战争"有很多形式，比如妈妈们的互相攻击、羞辱、攀比。对身为妈妈的你来说，它是你自责的最主要的原因之一。

妈妈们的互相攻击指的是妈妈们间接或直接攻击他人的育儿方式的行为。有些妈妈饶有兴趣的提问背后往往隐藏着批评，而这些批评会引发你内心的疑虑。"你还不给孩子生个弟弟或妹妹吗？""你不喂母乳吗？"

我们每个人可能都会无法避免地对别人的人生道路产生疑惑，或将其与自己的人生道路进行比较。我们每个人可能都会惊讶地脱口而出："啊，真的吗？你是这样做的吗？"攻击别人如此有吸引力的原因是：我们可以通过贬低他人来抬高自己。就这么简单？

不，当然没那么简单！因为相互攻击形成了一个恶性循环的体系。在这个体系里，你在育儿过程中付出的努力没有得到重视，并且它还会让你坚定地认为，只有你一个人该对孩子的成长负责。这就让你产生了一种错误的观念：你作为妈妈的工作本身是没有价值的，真正有价值的是孩子的成长。这意味着，你可以通过孩子的成长获得别人的认可。

敞开心扉

渴望获得别人的认可，让妈妈们陷入了一场没有赢家的战争。因为在做妈妈和养育孩子的问题上，很多事情本就没有对错之分。尽管如此，许多做妈妈的人只会谈论自己成功的一面，而对为人母的辛苦和挫败感却避而不谈。妈妈们不是在互相支持，而是在互相贬低。因此，我们在这里呼吁大家：请和我们一起敞开心扉，谈谈你的担忧、恐惧和不安。我们的经验是，只要有人这样做，那么其他妈妈也会随之敞开心扉，并且心怀感激。我们认为，没有任何一个妈妈能够满足当今社会对妈妈的所有要求，这让妈妈们之间没完没了的比较显得很多余。请给予其他妈妈和自己以同情和支持，结束妈妈们之间的"战争"吧。

自责的后果

自责让人感到非常痛苦，这一点显而易见。它的糟糕之处还体现在以下几方面。

- 它会让你不快乐，更糟糕的是，它还会让你生病！总是觉得自己做错了事、觉得自己不够好的想法折磨着你，会让你产生很多不良情绪。你会感到悲伤或愤怒，感到孤独和被误解。更致命的是，你会开始质疑自己的价值。你会对自己的能力、才华和优秀品质失去信心。

- 持续的自责也会消耗你大量精力。陷入钻牛角尖一样的思考中会使你精疲力竭，并且会耗尽你应付日常家庭生活所需的精力。

- 自责会让你对批评特别敏感，更容易代入个人情感，并将批评看得过于严重。你会认为自己是众矢之的，让原本的自责心理雪上加霜。

- 自责往往会使你陷入恶性循环。例如，你会因为自己不堪重负而把自责的原因归咎于他人，这虽然在短期内有缓解不良情绪的效果，但后续的自责还是会如期而至，甚至会变本加厉。

由此可知，自责无论在身体上还是心理上都折磨着人们！作为妈妈，你受到的影响尤为深远。一方面是因为你根本无法满足社会对妈妈的期望，另一方面也是因为与他人关系越亲密，你的自责就会越强烈——正是因为你特别关心自己的孩子，所以你感受到的自责是加倍的。

自责是生活的一部分

自责没有必要也不应该完全消失。当我们真的需要对错误进行反省的时候，它是非常必要的。你要解决的只是欺骗性自责的问题，这样它就不会时时刻刻纠缠着你，而你也会更加欣赏自己。因此，重要的是先识别出那些不健康的自责情绪。有了**更高的自我价值感**和健康的个人责任感，你就会对自己更有信心，更容易原谅自己的小错误。在本书中，我们将针对妈妈在生活中反复陷入自责情绪的不同场景展开讨论，并提供如何更好地处理自责情绪的建议。在进入正题之前，先来认识一下小评和小友，她们将陪伴你读完这本书。

小评和小友

小评和小友是代表你不同侧面的两个人物。小评总是批评你，对你没一句好话；小友则对你比较宽容、友善。在本书各个章节中，你都会遇到她们，并且在每一节的最后，你都会看到她们的对话。你可以从小友那里获得对你有帮助的信息和建议，它们不仅可以帮助你反驳小评，还可以帮助你应对身边所有批评者质疑的声音。这些批评者往往会不请自来地给出建议或公开指责你。

小评：你内心的批评者

她会奚落你、挑剔你，总让你觉得自己不够好或不够努力。婴儿按摩课上其他妈妈不屑的眼神，你妈妈（或婆婆）的白眼，社交媒体上不经包装的个人形象，来自自己、伴侣或社会的期望，都会成为滋养她的食粮。总之，这些都是你的自责情绪的来源。

她的主要作用是阻止你找到做妈妈的正确道路——在这条道路上，最重要的是你想做什么、能做什么，而不是别人期望你做什么。其实，小评只是想保护你，避免你犯错误，但她往往有些夸大其词。这是因为小评被外界的声音所影响，而没有努力去了解真正的你。

小友：你内心的朋友

她很友善，同时很欣赏你，能对你感同身受。她非常了解你以及你的愿望和需求，并会努力保护你免受自我批评的伤害——当然，前提是你允许她这样做。在本书中，你将走近她，并逐渐学会像她那样去思考。你可以提一些与自责有关的问题，小友能够很好地做出回答。

我们给小友起了个名字，叫 VERA。她的名字中的 4 个字母代表了 4 类问题，你可以根据这些问题来思考：此时此刻困扰你的自责是否合理，是否需要你认真对待？或者，你是否可以安心地置之不理？不同的情况下，我们需要进行不同的思考，并不是所有的自责都值得你提出下面的问题来深究。

> **V（德语词 Verantwortung 的首字母，意为"责任"）→** 你是否独自承担了**责任**？
>
> **E（德语词 Einfluss 的首字母，意为"影响"）→** 你是否对发生的事情产生了**影响**？
>
> **R（德语词 Resultat 的首字母，意为"结果"）→** 是否造成了或将造成不好的**结果**？
>
> **A（德语词 Anspruch 的首字母，意为"要求"）→** 你是否会用他人的不合理**要求**来衡量自己的行为？

V 代表**责任**。你对孩子负有责任，这一点毋庸置疑。但是，你从来都不是唯一的责任人。通常至少还有一个人也要对孩子负责，那就是孩子的父亲。除此之外，还有一些对孩子负有责任的人：孩子的祖父母、看护者、老师等。既然你不是唯一的责任人，那么你就不是唯一应该自责的人。

E 代表**影响**。作为妈妈，你总是喜欢把自己无法左右、无法控制的事情归咎于自身。你的孩子在托育机构出了水痘，痒了好几天? 太糟糕了! 但是, 仅仅因为你把孩子送到托育机构, 从而让他染上了这种疾病, 你就该自责吗? 不, 这太过分了! 你不会魔法, 也无法预知未来。同样无法控制的还有全球性事件(如战争、难民潮、大规模流行病)、大部分的政治决策、自然灾害、大规模污染、疾病和身体缺陷、意外事故以及巧合。

R 代表**结果**。它背后的问题通常很容易回答, 因此能让你快速释怀: 当有人受到伤害或处于危险之中, 并且后果很严重, 这是不是因为你做了或没有做某些事情而造成的? 只是因为你休息了一会儿, 你的孩子就吃了比规定的更多的糖果, 看了太长时间的电视? 这些一点儿都不严重! 没什么可担心的! 如果你做了或没做某些事情所导致的结果并没有伤害到任何人, 那么你就完全不必为此担心。

A 代表**要求**。这一点有些棘手。因为你会直接或间接地对自己提出要求, 同时你周围的人对你也有着这样那样的要求。通常很难确定你没有满足的那些所谓"要求", 究竟是外界对你的期望, 还是你自己也真的认为有必要。你可能并不清楚自己真正想要的是什么。尽管如此, 我们还是想请你在对自责进行反思时反复问自己: 某件事情对你来说是真的重要, 还是它仅仅是别人期望你做的? 或者说, 人们对你提出了各种各样的要求, 已经使你的内心产生了某种错误的观念?

每当你感到自责时, 请跟小友聊一聊, 之后你的心情往往就会变得轻松起来。因为小友会给出用来评判你的行为的具体标准; 因为她会向你提出问题, 揭露欺骗性自责的真相, 甚至让它没有机会在你内心生根发芽。

在接下来的章节中，我们将更加深入地分析让你一再感到自责的各种情况。你的自责每天都在等待着你！不过，从现在起，你将与小友携手，共同迎接它的到来。我们将用大量确凿的事实让你重获安全感，并且最重要的是，我们还将为你提供大量可在具体场景中应用的练习和建议。

让我们开始吧！

我们质疑的是长久以来的固化观念。

第二章 2

健康问题

Täglich
gr...

das S...
G...

你希望自己的家人身心健康，同时这也是最容易让你感到担忧的事情之一。你会为此竭尽所能。尽管如此，你还是会经常感到自责。例如，你会为孩子生病或他不好好吃饭、从椅子上摔了下来、舔了一口擦鞋垫等而自责。所有这些都不是你的错！同样，你的身体因为生育而发生的变化也不是你的错！读完本章之后你就会明白，有些事情你根本无法改变，并且很多健康问题并没有你想象的那么严重。

BT

HULD-

FÜHL

　　一旦怀孕，你去医院的次数会比过去多得多。孩子出生之后也是这样。这是一件好事，说明我们的医疗保障体系非常完善。有许多医疗工作者和你一起努力，确保你生育过程中不会出现问题。尽管如此，如果只是一味地关注生理问题，说明人们对健康的理解是不够全面的。你肯定已经感觉到自己为孩子的健康成长肩负巨大的责任。如果你总是被提醒可能会犯哪些错误，那么小评将会非常兴奋。我们希望帮助你以更加轻松的态度面对健康话题——不仅是孩子的健康，也包括你自己的健康。

"救命！分娩和我想象的不一样！"

　　你的分娩计划一度被打乱，一切都不尽如人意？尽管你决定进行无痛分娩，但疼痛还是比想象中的厉害？危急情况下你做了剖宫产手术，错过了与刚出生的宝宝亲密相处的时光？无论分娩过程如何，很多妈妈在回想起来时都会自责，因为即使在分娩过程中，小评也管不住自己的嘴。

　　无论是否对分娩做足了准备，你都无法预见分娩过程中会发生什么。让小友来安慰你吧，因为分娩过程本身就不能完全得到控制，只能在一定程度上得到控制。每个产妇情况各异，每个婴儿也独一无二，每个人的分娩经历都无法复制。而且，大多数产前培训以及朋友的故事，都会在让人感到不适的地方戛然而止，因为大家都不想吓唬一个孕妇。因此，当现实情况与别人口中那些美好的分娩故事有出入时，小评就有了批评的素材。分娩后，你也会因为分娩时想使用止痛药、对伴侣或产科医生大喊大叫、进行剖宫产以及母乳喂养不顺利等感到自责。这样的情况太多了，不是吗？那就让我们一起来解决吧。

世界上不存在一模一样的分娩过程

分娩是世界上最自然的事情之一。但即使在这件事情上，社会以及准妈妈自己也有着很高的追求。你可能已经参加了产前培训课，学会了如何"正确"地呼吸，并通过锻炼等做好了准备，以使身体在分娩时处于最佳状态。你密切关注胎儿的发育和自己身体的变化，严格记录自己的体重。所有这一切都源于一个愿望：做足准备，让分娩如你所期待的那样进行。这种愿望是可以理解的。毕竟，充分的准备的确能给我们带来安全感。

与此同时，当产妇在分娩时失去对自己身体的控制、大小便失禁或因疼痛大声喊叫咒骂时，她们往往会想"要是我早点儿知道就好了"。分娩不可能完全按你的计划进行，你无法掌控这个过程，但是与你共同承担分娩责任的其他人却可以对分娩的过程进行管理。"比如医护人员。"小友会这样安慰你。那么你能做些什么呢？做更多的准备？收集更多的信息？是，也不是！

诚然，在产前培训中多了解关于剖宫产的信息很重要——任何一个产妇都不应该对分娩一无所知。但是除此之外，对产妇的其他要求就不合理了，它们不仅不能解决问题，还会适得其反。关键在于，我们所有人都应该摒弃对"完美分娩"的执念。在德国，只有6%的分娩过程完全不需要医疗干预，只有6%！每3个孩子中就有1个是通过剖宫产来到这个世界的，还有25%~30%的孩子需要催产才能出生。由此可见，分娩过程中进行医疗干预是常规操作，而不是什么特殊情况，这是这件"世界上最自然的事情"中非常正常的一部分！

母婴接触

有些妈妈因为麻醉或产后过于疲惫等原因，错过了与刚出生的孩子相处的美好时光，她们为此耿耿于怀，一直被自责情绪困扰。你是否也是这样的妈妈？你是否觉得自己失去了一个绝佳的机会，或责怪自己剥夺了孩子刚出生时与妈妈亲密接触的机会？这主要是因为人们都在谈论产后第一次母婴肌肤接触和母乳喂养的重要性。但小友可以向你保证，这些并不像你想象的那么重要。

弥补最初的母婴接触的缺失

通过下面几种方式，你可以弥补最初的母婴接触的缺失。

▶ 经常与孩子进行皮肤接触（比如在他人协助下进行亲子浴）。

▶ 给予孩子大量抚触按摩。

▶ 多抱抱孩子。

▶ 细心地呵护和照料孩子。

与分娩和解

你是不是一想到或谈起分娩，就会感到愧疚或自责？你将分娩中出现的所有问题都归咎于自身，因为你发现自己很难想起当时的细节，比如医生什么时候、为什么对你进行医疗操作？进行了哪些医疗操作？由于紧张，你可能无法理解医护人员的一些指示，或者当时他们压根儿就没有告诉你他们要做什么。如果是这样，你可以在分娩后要求查看分娩记录。这可能有助于你减轻自责，因为通过分娩记录，你能够更好地理解相关人员的操作。他们当时和你一样，认为自己有责任为你和孩子的健康负责。你可以仔细阅读分娩记录，也可以与当时在场的人聊一聊，或者请助产士做出解释。

✎ 写信

此外，你也可以用写信的方式与自己和解。你可以给过去的自己写一封信，告诉她你原谅她了，因为你知道她已经尽了最大的努力；也可以给未来的自己写一封信，请求她的理解，因为现在的你已经尽力了。你也可以给你的孩子写信，告诉他你对事情的发展感到抱歉，但同时你已经并将永远尽最大努力，保护他的安全和健康。你可以将所有的感受都写到信里。请把它们写下来吧！写的时候请注意以下几点。

▶ 不要中断。

▶ 不要对自己有过多的预期。

▶ 不要修改。

就这么写下去，顺其自然，一气呵成。如果能在信中写下所有的感受，那么你将受益匪浅。之后，你如果愿意，也可以把这封信销毁。随自己的心意就行。

创伤性分娩

巨大的自责感也可能是由创伤造成的。分娩可能是一件让人感到压力巨大的事情，伴随着巨大的恐惧、无助以及无力的感觉。如果在这种感觉压倒你的时刻，你的应激反应（战或逃反应）被阻断，那么这种经历就是一种创伤性经历，会导致创伤后应激障碍。

创伤后应激障碍的 3 个主要症状如下。

- 对创伤性经历的重复体验。

- 回避。

- 警觉性增高。

除此之外，自责也是经历创伤后的一种常见反应。

我们往往试图通过自责来提升自我责任感和自我效能感，以此来对抗无助感。这一过程还伴随着"我应该……"或"如果我当时……就好了"之类的对过去经历的反思。

如果你正受到这种自责的折磨，感觉非常痛苦，或者有上面所说的创伤后应激障碍的 3 个主要症状，请寻求专业人士的帮助。

如果你因为自己的身体而产生强烈的自责感，请阅读相关内容（见第 32 页"救命！我的身体发生了变化！"）。在那里，你还可以找到针对身体的感恩练习。

产后宽以待己

你终于生完孩子，可以从医院回家了，并且还多带回一个家庭成员。然而，此时小评开始刻薄地批评你：**"你的母乳喂养不怎么顺利，你的朋友之前可没遇到这么多问题！""你看看自己这副邋遢的样子！马上就有人来探望孩子了，你这样可不行啊！"** 她对你唠唠叨叨，不断引发你的自责情绪和羞耻感。更糟糕的是，她还会给你带来压力，这种压力会给你们的家庭带来负面影响。

看看你自己，看看你的孩子。 重要的是你要明白，对现在的你来说什么才是最重要的。请对自己宽容一些吧。生孩子是人生中的一件大事。你必须去适应新情况，但这也是你获得成长的机会。你的身体一定会恢复到过去的状态，但这一过程会按照身体自己的节奏进行，而不是像那些名人和光鲜亮丽的杂志模特所展示的一样，一切仿佛按下了快进键。

即使分娩过程都按计划进行，即使你在顺产后有美妙的母婴接触初体验，你可能也无法给予孩子童话故事中那样无微不至的母爱。这一点可能令你失望，因为之前正是对这种汹涌澎湃的母爱的期待，给了你无穷的力量。

母爱的产生也需要时间

母爱并不总是马上就能产生，原因有很多。有些原因可以追溯到你的童年时期，甚至你出生的时候。当你的心理承受能力达到极限时，你的身体，尤其是大脑，会切换到生存模式。这可以保护你的身体，避免它超负荷运转。你的整个身体可能需要稍做休息，之后你就会有强烈的母爱喷涌而出。产后激素的巨大变化也可能导致你在产后初期陷入情感紊乱，即产后抑郁。毕竟，多达 80% 的妈妈都有过这种经历，这与分娩方式、分娩过程和文化背景都无关。所以，不要急躁，也不要失望。慢慢发展起来的爱也是爱。母爱由你而来，所以你要善待自己。第三章将更深入地讨论这个话题。

小评和小友的对话

下面你将看到小评与小友之间的首次争论。请你将小友说的用到日常生活中，这有助于你冷静且坚定地回应那些来自外界的批评。

小评： 她真的搞砸了，居然做了剖宫产手术！

小友：别烦她了！她根本没有搞砸。她生下了一个健康的孩子。

小评： 不是生出来的，是通过手术取出来的。

小友：难道只有顺产才是正确的分娩方式吗？

小评： 那不然呢？她难道做了什么正确的事情吗？是她在怀孕期间的抱怨？还是糟糕的母乳喂养？你指的是她的哪一项"壮举"？

小友：十月怀胎对女人来说是一个巨大的挑战，母乳喂养也不是一件简单的事情。

小评： 但这些并不是她让自己看起来那么邋遢的理由。看看她吧！她需要打扮一下，邀请一些人过来。很多亲朋好友都想来看看孩子。

小友：他们一家人需要时间来适应新情况，这才是当务之急。不用急着邀请其他人，他们得耐心等待。

小评： 宝宝才是当务之急，她不是。

小友：不，这种说法不对，并且也不利于母子健康。她会照顾好自己和宝宝的，因为他们两个人都很重要。

"救命！我的身体发生了变化！"

你可能在月子里第一次仔细观察自己变化如此之大的身体。你是否惊讶地发现，虽然孩子已经出生了，但你的肚子还是那么大？你是否长时间沮丧地盯着自己的妊娠纹看？小评给你带来压力了吗？事实上，我们中的很多人更关心的是自己的身材是否符合当下的审美标准，而不在乎自己的健康。在我们这个时代，有这样一种现象：节食比体检更重要，苗条的身材比良好的身体状态更重要。

在怀孕、分娩和坐月子期间，你的身体会以最佳状态来适应变化。但人们并不去赞扬身体的伟大，而是把"妈妈身材"作为警示性的例子展示出来，称妈妈们看起来是衰老的、不性感的、没有活力的，从而得出结论：妈妈们"不注重形象管理"。而与之对应的正面形象则是"辣妈"，即一直保持苗条身材和光鲜亮丽的外形的妈妈们。最近这样的观念越来越流行，但请你不要受其影响！这样的观念会毒害你对自我形象的认知，让你对自己提出苛刻的要求，并为身材达不到某些审美标准而感到自责。小友认为，这是不健康的、错误的标准。做了妈妈之后，你的形象与之前相比并不会有太大的不同。

有变化是正常的

成为妈妈后，你的身体会发生变化。如果没有变化的话，那就太奇怪了。毕竟10个月以来，你的体内孕育着一个新生命。新生命的诞生是个奇迹，但它会在我们的身体上留下烙印，只不过有的人身上的烙印多一些，有的人则少一些（来自小友的提醒：你无法决定自己属于哪一类人，因为这是由基因决定的）。你腹部的皮肤会变得松弛，甚至皮下组织会撕裂；你的乳房会变大，之后又会变小；你身上可能还会有分娩时受的伤或剖宫产留下的疤痕。在激素的作用下，甚至你皮肤的颜色和头发的质地也会发生变化。此外，还有一些外部因素影响着你的身体：你的饮食习惯与以前不同，睡眠时间也可能减少，并且可能无法定期锻炼身体。

进行盆底肌训练，不要节食

你的身材会发生变化，身体内部也会发生变化。怀孕和分娩会给你的盆底肌带来很大的压力。盆底肌是封闭骨盆底的肌肉群，它们支撑着内脏器官，让你能够保持直立姿势。怀胎十月会导致盆底肌失去力量。当你无法像往常一样憋尿（比如打喷嚏时），感到下体疼痛或有压迫感，感到核心肌肉的力量不稳定时，你可能就会注意到这个问题。

此外，为了给胎儿腾出空间，你的腹直肌会被从中线的位置向两侧牵拉，这种情况被称为腹直肌分离。你的腹部不再那么稳定有力，这就增加了骨盆底的压力。

这些生理变化会给你的健康带来问题，并且随着你年龄的增长，问题也会越来越严重。你应该正视这些问题。从医学角度来看，通过适当训练来恢复盆底肌的力量和稳定性要比通过节食来快速减肥重要得多。

如果你没有进行盆底肌训练，也不要感到自责。盆底肌训练在任何时候都可以进行，并且在孩子出生多年后，你的盆底肌的状况仍然可以通过训练得到改善。理想情况下，你应该在月子结束后就立即开始训练，不过，就算晚一些开始也没关系，你的身体也会感谢你的。

盆底肌无力或直肠膨出并不是不可逆转的，你也没有必要因此感到羞耻。你还不知道该如何开始？那就去问问妇科医生，或者向助产士咨询。

而当你不得不面对自己身体的那些恼人的变化时，小评还会站在镜子前火上浇油："你现在确实要减些体重了。别人都能做到，你没有做到是因为你没有真正去努力！"这正是你耿耿于怀的地方：尽管你对自己身体的控制能力有限，但是你觉得自己还是要对身体已经发生的和将要发生的变化负责。如果你的身材没有在分娩后迅速恢复，如果最迟在分娩 9 个月后你还穿不上以前的裤子，那么你就会觉得自己是个失败者。例如，家人或朋友可能会对你说"你怀孕增加的体重还剩几公斤没减掉呢！"，或者其他新手妈妈可能会对你说"我已经能穿上以前的牛仔裤了"，这些都会让你感到自责。

也许你也希望自己的身材能"和以前一样"，符合大众的期望，那么，小友会告诉你："这些要求不是你自己提出的，而是别人给你提出的。"因为你目光所及都是所谓完美的、经过修饰的以及处于合适光线下的女性形象，其中一些女性甚至做过整容手术。在电视、社交平台，以及常见的育儿杂志这些大众媒体上，几乎没有人会在不加修饰的情况下展示自己。身材苗条，皮肤光滑，光彩照人——这些常见的对于美的理解也许没有必要再赘述。你会将它们内化于心，因为它们在你成长的过程中一直伴随着你。

美的标准因时代而异

不同的时代，美的标准是不同的。我们只要回顾一下人体形象的历史，就会清楚地认识到这一点。如果把目光投向过去的100年，你就会发现，美的标准一直在变化。20世纪20年代，人们认为腰部没有曲线、平胸的"平板身材"是最美的；50年代，沙漏形身材流行起来；60年代，英国模特崔姬（Twiggy）的纤瘦身材引领着当时的时尚潮流，人们以瘦为美；到了80年代，身体健美、身材高挑才合乎时尚。因此，如果你的外貌符合当前的审美标准，那也只是你运气好而已；如果你的身材不符合当前的审美标准，你也不必自责，因为基因不是你能直接控制的。当然，你可以通过锻炼和健康的饮食来改变自己的体重，但这也只在一定程度上可行。

不切实际的审美标准和对美的过高追求交织在一起，让你逐渐失去对自己身体的正确感知，而对身体的正确感知与社会期望和所谓审美标准完全没有关系。因为最重要的是，你对自己当下的身体感觉良好并且你的身体是健康的。身体感知练习（包括后面的"身体扫描"和"身体感恩"练习）可以帮助你一步步地重新找到这种感觉。通过身体感知练习，你不仅能更好地了解自己（或许已经发生了变化）的身体，学会重新解读身体的信号，还能缓解压力、放松身心。身体感知练习不仅能提高你的身心机能，还能让你精神集中。

✂ 身体扫描

身体扫描是一种冥想练习，在练习过程中，你可以将注意力集中在身体的不同部位。它使人们在缓慢的"扫描"过程中有意识地感知身体的不同部位，也是一种正念心理疗法。在这个过程中，你只需要感知，不需要对所产生的想法和感受进行评价。

练习时你可以坐着或躺着，只要你觉得舒服就可以。如有必要，你可以盖上一条毯子，以免受凉。请保持清醒和注意力集中。

▶ 将双手自然地放在身体两侧或大腿上。

▶ 闭上双眼，平稳而有规律地呼吸。

▶ 如果发现思绪飘忽不定，请重新集中注意力。不要因此而自责，始终将注意力拉回到身体上就好。

▶ 从双脚开始"扫描"，有意识地感受它们：它们的哪个部分与地面接触？仔细感受脚的各个部分：脚跟、脚背、足弓和脚趾。

▶ 接下来，从小腿到膝盖、大腿等。然后是腹部、背部、肩膀、手臂、手掌、手指……

▶ 始终关注身体的各个部位是以哪种方式与身下的物体（椅子、床、垫子等）接触的。

▶ 最后轮到头部。放松头部的所有肌肉，同时放松下颌、舌头和眼睑。最后，将注意力移至头顶，放松头皮。

▶ 保持这种放松、专注的状态，并关注你的呼吸。

▶ 当你想结束练习时，请在呼气的同时睁开双眼，大大地伸个懒腰，重新唤醒自己的身体，让注意力回到外界。

如果做这种感知练习对你来说仍然非常困难，你也可以想象温暖的感觉是如何流经身体相应部位的。有些人也会从心脏或腹部开始"扫描"。

身体感恩

或许你总是在批评自己的身体：太弱、太胖、太瘦、多病等。只有在极少数时候，你才会主动感谢身体为你做的一切。

身体感恩练习将帮助你大致了解如何感谢自己的身体，或许日后你会更经常地思考这个问题。

▶ 在一张大纸上画一幅自己的身体轮廓图。你不一定非得画得像《蒙娜丽莎》一样好，只要画出身体的各个部位就可以，关键是不能太小。

▶ 观察图中身体的各个部位，想想它在一天中做的所有事情，并把它们写在旁边：你的双脚带着你走来走去；你的双臂抱着你的孩子，帮你完成几乎所有的事情；你的双手能够抚摸和演奏乐器；你的胃消化食物……你聚焦的身体部位越具体，练习效果越明显。

▶ 接下来，你或许可以用另外一种颜色的笔来记录身体的一些特殊成就。你的子宫孕育过一个或多个孩子，你的大脑让你成功毕业，你的双腿让你获得了某项体育运动的荣誉证书，等等。

▶ 请收好这幅画。当你对自己的身体非常挑剔和严格时，或者当你的身体不再像你所熟悉的那样运转时（比如生病的时候），你就可以看看它。你会意识到自己的身体是一个多么伟大的奇迹，它已经为你做了那么多。

尽管如此，对很多女性，尤其是对身为妈妈的女性来说，想要对自己的身体感到满意，还有很长的路要走。毕竟，我们质疑的是长久以来的固化观念，需要抛弃诸如"我必须让别人觉得我很有吸引力""只有苗条的身材才是美丽的""只有苗条的身材才是健康的"等观念。你可以尝试以下这些对身体有益的事情，说不定会对你有所帮助。

这样做可以保持身体健康

你可以通过增强体质来应对日常生活中的挑战。下面的建议都是简单的日常行为，因为我们不想给你增加压力！

吃饱喝足

你的身体需要食物和水来产生足够的能量。在你还没有意识到的时候，你的身体可能就已经处于虚弱状态了。请确保自己吃饱饭、喝够水。其中，喝足够的水尤其重要。请在手边常备一瓶水和一把坚果以备不时之需，这也会对你应付忙碌的一天有所帮助。当然，你不能只吃零食，但在饿的时候，零食能为你迅速补充能量。

确保睡眠充足

在这里，我们特意没有给出任何关于睡眠时间的数字，一方面是因为睡眠需求因人而异，另一方面是因为在孩子还小的时候，你想要始终保持充足的睡眠是不现实的。但是，如果发现自己的睡眠严重不足，你无论如何都要采取一些措施，比如早睡早起，与孩子的父亲轮流照看孩子。如果你能雇保姆，让你腾出一些时间用于睡眠，那就再好不过了。其他一切事情都可以等待，当务之急是让你的身体得到恢复。

动起来

你不一定非得定期去上健身课，也不一定要每周跑上几十公里，或定期做瑜伽。只要是适当的运动，对健康都是有益的。重要的是，你必须运动，并且最好是在空气新鲜的环境中运动。这不仅有益身体健康，还能滋养心灵。

定期体检，防患于未然

皮肤癌和乳腺癌检查，妇科的定期涂片检查和龋齿检查，这些检查的过程并不是那么愉快，但它们的确很重要！不要错过这些检查，因为这些检查和孩子的体检同样重要。

哺乳期节食需谨慎

在进行母乳喂养时，有些妈妈的体重会自然减轻，而有些妈妈则不会，于是她们希望采取一些措施来减肥。这种想法是完全合理的，但应避免过度节食。如果母乳供应不足，你的身体就会动用你的能量储备。也就是说，虽然你的母乳质量不会因为节食而受到影响，但你自己的身体却会因此而遭殃！因为营养素等身体必需物质的缺乏，会让你出现明显的不适症状。

以下做法不可取。

- 过度节食。

- 禁食。

- 采用海伊减肥法（该方法强调要将酸性食物和碱性食物分开食用，但这么做会导致血糖波动）减肥。

- 每日热量摄入低于 1800 千卡。

- 每月减重超过 2 公斤。

在哺乳期，在以下情况下减肥是安全的。

- 母乳喂养已经渐趋佳境（最好不要在婴儿出生后的头两个月就开始减肥）。

- 已实现按需哺乳。

- 你的体重没有过轻。

经前期综合征——身体感觉良好的终极对手

受够了月经来潮前那些讨厌的日子——糟糕的皮肤状况，腹痛腹胀，还有乳房疼痛。你熟悉这些情况吗？如果熟悉的话，那么你就和世界上 75% 的女性一样，患有经前期综合征。2%~8% 的女性尤为受其困扰，她们的症状会严重到影响日常生活和工作，以至于被确诊为经前紧张征，需要进行治疗。

除了身体上的不适，你的情绪在这段时间也会像坐在过山车上一样：悲伤、抑郁、厌世、易怒。如果有人怀疑你的能力，你甚至会变得具有攻击性。不过别担心，并不是只有你一个人会这样，你也不必为此感到自责。小友希望你明白，如果激素影响到了你的生活，你几乎是无法左右它们的。因此，你不该受到责备，况且激素水平的改变带来的后果也是无法预知的。与苛责你相比，小评更应该对人类的演化感到愤怒，因为正是这种演化让女性承受了经前期综合征等痛苦，好让她们能够繁衍后代。

经前期综合征的症状可能会在产后出现或加重，尤其是心理方面的症状。其中的原因尚不完全明确，但激素紊乱很可能是其中的一个原因。

在这样复杂的情况下，你很难塑造良好的身体形象。尤其是在这个时期，自己做得不够多和不够好的想法可能会折磨你。此外，很多女性在这个时期需要更多的休息，工作效率也会降低。由于精力不足，她们即便有一些好的想法，也很难付诸行动。因此，我们建议，受到经前期综合征严重影响的女性要对自己的心灵和身体格外仁慈和宽容。

休息和恢复

你的身体需要休息，不要试图与它作对。尽可能让自己多休息，或为自己创造休息的机会。如果你很清楚哪天你的状态会是最差的，那就尽量在这一天少安排事情，并在此之前就多休息以补充能量。

预先警告

告诉身边的人，你将在什么时候出现经前期综合征，以及它对你有哪些影响，这将对你非常有帮助。尤其是要告诉你的伴侣。如果他知道你受激素的影响如此严重，他就更有可能原谅你蛮横无理的态度或为你提供更多的帮助。你也可以用简单的语言向你的孩子解释，自己也有感觉不舒服的时候。

饮食

研究表明，富含钙的食物最多可使经前期综合征的症状减少30%。南瓜、杏仁和榛子等食物含钙量较高。黑麦面包、燕麦片、豆类和香蕉等富含维生素 B 的食物能明显改善情绪状态。此外，这些食物中有些还含有 ω-3 脂肪酸，可以预防抑郁症。

黄荆

黄荆是一种可以缓解经前期综合征症状的中草药。请向妇科医生咨询适合你的剂量和剂型。

小评和小友的对话

小评： 瞧，那个肥嘟嘟的女人现在又去照镜子了，不过她还是穿不上以前的牛仔裤！自从她当了妈妈，她真是放松了对自己的要求。

小友： 你这是什么奇怪的观点？穿不穿得上以前的牛仔裤并不重要，重要的是她自己的感觉。在过去的日子里，她非常辛苦，身体负担很重，我们应该感谢她。

小评： 但她可以开始做一些运动。她丈夫看到她这副模样会怎么想？

小友： 她丈夫会怎么想？他自己也不是 10 年前的模样了。人的身体本来就是会发生变化的，她又不是非得和模特一样。她这样没有对不起任何人。

小评： 我记得有一个新手妈妈就做得很好，不是吗？人家仍然身材火辣。所以你看，这还是可以做到的。

小友： 人家那样不过是因为老天爷垂青，天生的！

小评： 噢，你今天真是特别敏感啊！她又来月经了？

小友： 是的，你明明知道这一点。我特意提前告诉了你，她现在需要休息，你就不要说这些蠢话来烦她了。

小评： 所以她今天又不能运动了？

小友： 她有体力、有时间、有意愿的时候自然会运动，而不是因为你让她感到自责就赶紧去运动。

"救命！我喂养孩子的方式错了？"

在怀孕期间，你就已经在喂养孩子了，不过那时，喂养完全是你一个人的事情。你的身体真是神奇，它通过脐带和胎盘为孩子提供他需要的一切营养。一旦孩子出生，父母就都要承担喂养责任。乍一听这并不复杂，但不幸的是，这往往成为很多父母产生自责情绪的原因之一。因为有关母乳喂养、辅食喂养和家庭饮食的建议太多，并且它们往往相互矛盾，所以新手父母会感到迷茫。我们将揭开迷雾，告诉你如何轻松处理与喂养孩子有关的问题。

母乳喂养还是奶粉喂养？关键是奶！

在生命的最初阶段，你的宝宝只需要奶——母乳或奶粉。我们之所以说得如此明确，是因为这两种喂养方式都是合理且健康的。你如果不想或不能进行母乳喂养，也不必感到自责！是的，母乳喂养非常好，我们也像世界上所有的专家一样推荐母乳喂养（世界卫生组织建议在婴儿出生后的头 6 个月内采用纯母乳喂养）。但是，妈妈们决定不进行母乳喂养的原因有很多，也因人而异，并且她们有这样的权利。孩子是你的，身体是你的，你当然可以自己决定采用一种让你觉得更舒服的方式喂养孩子。幸运的是，如今我们生活在一个奶粉喂养质量很高的社会里。尽管喂养问题仍然会成为妈妈的负担，但她们不必担心没有母乳孩子就无法获得必需的营养。

母乳还是奶粉？

你可能已经了解过母乳的优点：它是为孩子量身定制的，成分会随着孩子年龄的增长而改变；它能增强孩子的免疫力，并且是百分之百纯天然的。此外，如果顺利的话，母乳喂养轻松、愉快、方便且花费少。但奶粉喂养也不会对孩子造成伤害，因为好奶粉营养丰富、配比科学，能像母乳一样满足孩子的需求。你如果觉得有必要，也可以将母乳挤出来用奶瓶喂孩子。

哺乳不只是单纯的向宝宝提供食物的过程。许多妈妈非常享受在哺乳时与宝宝的亲密时光。当然，宝宝也同样喜欢。哺乳意味着感情的连接。这就是为什么不得不放弃母乳喂养的妈妈，往往从一开始就心怀愧疚。当你给孩子喝奶粉的时候，小评可能也会坐在你的旁边，用责备的目光看着你说："**你这样没法和孩子建立良好的亲子关系。你是一个不称职的妈妈。**"如果你就是这种情况，我们将为你提供一些有力的证据，让小评闭嘴。

在用奶粉喂养时与孩子建立亲密关系

促进亲密关系的是喂奶的场景，而不是奶的种类！用奶粉喂养的婴儿也能与妈妈建立良好且牢固的关系。况且，喂养仅仅是建立亲密关系的一种方式。

以下是一些关于奶粉喂养的建议，它们能让你在喂奶时享受与孩子的亲密时光，就像母乳喂养时一样。

▶ 慢慢来，安静地给孩子喂奶，避免一切干扰，尤其是在喂养初期。

▶ 与孩子交流。看着他的眼睛，抚摸他，和他说话。抱着他，让他在喝奶时能看到你的眼睛。

▶ 保持亲密接触。不是只有在哺乳时才能跟孩子亲密接触。

▶ 按需喂养。这也适用于母乳喂养。孩子饿了就给他喂奶，当他发出吃饱的信号时就停止。

你还在为没有进行母乳喂养而自责吗？小评是不是声称，奶粉喂养的孩子比母乳喂养的孩子更容易生病或更笨？也许你还听过其他很多关于母乳喂养的传言。科学界对这个问题的研究还没有得出十分明确的结论，有些说法并不像很多所谓专家说的那样煞有介事。

母乳喂养能预防孩子过敏？ 有人认为这是事实，但其实这一点并没有完全得到证实。无论如何，这并不意味着奶粉喂养的孩子就一定会过敏！母乳喂养可能会预防孩子过敏，但奶粉喂养也并不会让孩子过敏。（顺便说一句，对有家族过敏史并用奶粉喂养的婴儿来说，有一些特殊的防过敏奶粉可供选择，具体请向儿科医生咨询。）

母乳喂养的孩子更聪明？ 长期以来，人们一直这么认为。然而，现在的一些研究表明，这个说法是错误的：智力与母乳喂养有关，但二者并不是因果关系。换句话说，虽然母乳喂养的孩子从整体上来说比奶粉喂养的孩子更聪明，但这并不是母乳喂养的直接结果，可能是其他因素造成的。例如，教育水平较高的女性与教育水平较低的女性相比，前者更倾向于母乳喂养。在一项著名的研究中，人们将两个同父同母的孩子进行了比较，其中一个孩子用奶粉喂养，另一个孩子用母乳喂养。也就是说，两个孩子的条件非常相似：相同的基因，相同的成长环境，等等。结果出乎很多人的意料：尽管他们在婴儿期接受的喂养方式不同，但在 4~14 岁，这两个孩子在身体和智力上没有任何差异！这对所有妈妈来说都是好消息。母乳喂养或奶粉喂养对孩子的智力没有影响！

母乳喂养的孩子更健康？事实证明，母乳喂养的孩子在出生后的头几个月里生病的次数确实比较少，但这并不意味着你需要担心奶粉喂养的孩子会经常生病。因为生病与否是很多不同的因素共同作用的结果，比如先天的免疫系统是否强大，以及孩子是否有兄弟姐妹，他们是否会把更多的病毒带回家，等等。小友提醒你，这些都是你无法控制的因素！母乳喂养在这方面提供了一定的保护，但奶粉喂养的孩子也会随着时间的推移建立起良好的免疫系统。另外，事实证明，母乳喂养的孩子死于婴儿猝死综合征的概率较低。但这也是由多种原因导致的，你可以通过一些措施进行预防，比如提供合适的睡眠环境等。

关于婴儿猝死综合征

婴儿猝死综合征通常发生在一岁以下婴儿的睡眠过程中。近年来，这种悲剧的发生率正在逐步下降，这也证实了科学家提供的睡眠建议是有效的。这些建议如下。

▶ 让婴儿采用仰卧位睡觉。

▶ 为婴儿创建无烟环境（最好是家庭成员完全不吸烟或至少不在卧室吸烟）。

▶ 将婴儿床放在父母的卧室里或父母的床边。

▶ 减少床上用品：不用枕头，少用毛绒玩具，不用丝带。还有，用睡袋代替毯子。

▶ 孩子穿着合适，既不太厚也不太薄。孩子在家中通常不需要帽子，床上也不需要热水袋或皮草制品。

德国联邦健康教育中心将以上建议总结为：仰卧位 + 无烟 + 适当床品。

当母乳喂养不成功时

如果母乳喂养一开始不顺利，该怎么办？通常情况下，要让刚出生的宝宝正确地含住乳头并不那么容易，尤其是在你产后不久你们还在医院的时候。此时你依然处于筋疲力尽的状态，宝宝可能也是如此，何况他还处于一个陌生的环境中。即使一开始不顺利，你也要保持冷静，因为这很正常。母乳喂养是需要练习的！理想的情况是，在宝宝出生的头几天你们就要在医院或家里练习母乳喂养，并且练习时最好有人（比如助产士）从旁协助。你和宝宝都需要一些时间在母乳喂养上磨合。

就母乳喂养问题向专业人士咨询

没有压力的生活会让你更容易进行母乳喂养，因为压力是导致乳汁淤积或奶量减少的常见原因。这也是我们不建议妈妈在产后接受大量亲友频繁探访的原因。如果你仍然感到乳房疼痛、不舒服或感觉宝宝没有正常喝奶的话，不要害怕联系母乳喂养咨询师。医院的工作人员并不一定都接受过母乳喂养的专业培训，同时我们在家庭中也缺乏关于母乳喂养的教育，很多女性从不知道母乳喂养应该如何正确进行。同样，也有很多人在了解到母乳喂养并不是简单地让孩子"含住奶头，开始吃奶"后感到非常惊讶。因此，专业的母乳喂养咨询能为你提供很大的帮助。

如果这些都无济于事呢？或者你已经没有耐心了？没关系。没有人必须忍受乳头充血，或强迫自己做一些与自己的期待和设想不符、让自己感觉不好的事情。你可以做自己想做的事情，获得所需的帮助，同时了解自己内心的需求。

进行母乳喂养的妈妈也会自责

进行母乳喂养的妈妈就一定不会自责吗？并非如此！如果你正在进行母乳喂养，你可能已经受到过以下指责。

- 喂奶次数过多或时间过长。
- 溺爱宝宝——奶睡，这样他永远学不会自己睡觉。
- 没有遵循"正确"的哺乳间隔时间。
- 你自己的饮食是"错误"的。
- 奶水"太稀"或"太油"。
- 喂养方法不当，导致宝宝恋奶。

相信小评还有更多"有创意"的批评。面对如此之多且往往是不请自来的"建议"，要想好好享受亲子时光，感知自己和孩子的需求，确实不容易。但这其实就是全部的"秘密"所在。无论是母乳喂养还是奶粉喂养，在特定时间喂特定奶量的计划都是不合理的。宝宝自然会决定自己所需要的奶量和吃奶时间，这些因人而异，并且同一个宝宝也会在不同时间表现出不同的需求。

有时，宝宝会频繁吃奶，即以非常紧凑的节奏少量多次吃奶。当宝宝出现这种情况时，不要相信别人说的，认为自己的奶水不足！这完全是正常的现象，与宝宝所处的发育阶段有关。他正在成长，因此会更频繁地感到饥饿，或者需要面对更多的生长问题，因此对于母婴亲密接触的需求也更多。

如果没有医嘱（比如出生时体重过轻的早产儿，或者由于发育原因有严重吞咽问题的孩子，在喂养时需遵医嘱），**你可以相信自己和孩子**，在孩子需要时给他喂奶。随着时间的推移，你就越来越能理解孩子在饥饿时发出的信号，比如用嘴寻找东西、咂嘴、握紧拳头、烦躁不安等。

我们知道，按需喂养的方式会让人感到非常疲惫，尤其是当孩子需要更多的亲密接触和有强烈的吮吸需求时。不过，如果孩子因为不能吃母乳而哭闹很久（这是因为你严格遵循"按计划两个小时后才能喂奶"的建议），不是也同样让人精疲力竭吗？因此，我们建议你尝试一下，满足孩子的需求，按需喂养。

如果你听从了某些专家的建议，严格按计划喂养，没有按需喂养，也请你不要感到自责。你已经在自己认知能力的范围内采取了最佳喂养方案，并且你完全信任专家。不要让小评的批评影响你的心情。这完全没有错，你不必为此自责。如果你听从了专家的建议，但现在又感到迷茫，这也是完全可以理解的。无论如何，你的孩子还是按照"计划"获得了所需的奶量，再说你可以随时改用按需喂养的方式。我们相信，这会让你和孩子都更轻松。

如果过于频繁地哺乳给你造成了压力，你也可以考虑将母乳挤出或用奶粉作为解决方案。这样你就可以偶尔让别人帮你给孩子喂奶，你就可以休息一下了。尽管人们经常听到或读到有关"乳头混淆"的报道，但没有任何科学证据可以证明这一点。宝宝在吃奶时可以和你亲近，这是事实。但如果你也能休息一下，恢复体力之后带着好心情再次拥抱宝宝，他感受到的爱会更多。无论你采用哪种方式，他都能得到关注。当然，也有的孩子3小时吃一顿奶就完全满足了。如果你的孩子是这样的，也请你不要感到自责。

哺乳期饮食

"不要吃洋葱！不要喝咖啡！不要吃太辣或太甜的东西！"

尤其是当你的孩子还没有找到睡眠节奏，总是烦躁不安，或者总是吐奶或经常肚子疼时，人们往往会认为责任都在哺乳的妈妈以及她的饮食上。

事实上，你所吃的大部分食物都不会影响母乳的营养成分，因为这些成分来自你的血液。所以，请尽情享用美食吧。

进行母乳喂养的妈妈仅需远离酒精、尼古丁和某些药物——针对许多疾病的药物也适用于进行母乳喂养的妈妈！在极少数情况下，宝宝可能会对母乳过敏，那么你就必须避免摄入任何乳制品。这种情况并不常见，应遵医嘱。

你还是心存愧疚吗？也许在小评或其他人看来，你哺乳时间过长？或者过短？或者过于频繁？不应该在公共场合哺乳？事实上这一切都不是问题！虽然确实有这样那样的建议，但你可以根据自己的实际情况进行调整！有些孩子可以较早地开始吃固体食物，有些孩子则要晚一些开始。在刚开始添加辅食的时候，宝宝所需要的能量绝大部分还是来自母乳或奶粉。世界卫生组织建议母乳喂养应持续至孩子两岁（这指的当然不是要纯母乳喂养这么久，而是在摄入固体食物的基础上），但对母乳喂养的最长期限并没有做出规定。从进化论的角度来看，母乳喂养时间在 2~7 年都是合理的。在其他很多文化中，母乳喂养持续的时间比在德国要长得多。因此，并不存在"母乳喂养时间过长"的问题——只要妈妈和孩子都能接受就行。每个妈妈都可以自行决定是否要进行母乳喂养、喂多久以及在哪里喂奶。

断奶的同时与孩子保持亲密接触

无论出于什么原因（如外部环境、药物、你自己的意愿等），断奶都会让你感到自责。但这是没有必要的。

如果你决定停止母乳喂养，你应该知道，你可以在顾及孩子的需求和与孩子保持亲密接触的情况下实现断奶。哺乳不仅是孩子获取珍贵食物的过程，也为孩子与妈妈亲密接触提供了机会。在断奶的过程中，你可以一直陪伴在孩子身边。与其突然"消失"（让孩子与其他家庭成员在一起，直到孩子断奶成功），不如采用亲吻、抚摸、拥抱孩子等方式来安抚孩子。孩子与妈妈亲密接触的需求，过去是通过母乳喂养得到满足的，现在则以另一种方式得到了满足。

重要的是，你要坚持自己的决定，并接受孩子对于你们不再以这种方式进行亲密互动的抗议。这会让孩子明白，即使你们之间的物理距离变大了，你们也可以保持亲密关系。

辅食：进食也可以很有趣

到了一定的时候，你的孩子就该吃第一口"固体食物"了。这包括粥和真正的固体食物。与喂奶相比，有关辅食喂养的建议、指南和意见要多得多，因此，让小评保持冷静并不容易。然而，关于"正确"的辅食应该是什么样的研究并不多。其实这并不奇怪，因为放眼世界，辅食喂养不管是从煮软的胡萝卜条开始，还是像日本那样从米饭开始，各个地方的孩子都能健康成长。要知道，添加辅食的情况也因文化和个体差异而不同。你的第一个孩子添加辅食的情况可能与第二个孩子完全不同。500年后婴儿的饮食习惯也可能与现在大相径庭。

🔧 何时开始添加辅食？

让孩子来决定正确的时间吧。孩子的表现通常会清楚地告诉你什么时候可以让他尝试母乳和奶粉之外的食物。根据世界卫生组织的建议，你可以通过以下几点来判断是否可以给孩子添加辅食。

▶ 孩子在你的帮助下可以坐直。

▶ 孩子可以自己抬头。

▶ 当把非流质食物放进孩子嘴里时，他不再反射性地用舌头
　将食物推出。

▶ 孩子可以自己抓握食物，将其放进嘴里。

请记住，如果你的孩子在 8 个月时才准备好，或者在 4 个月时就已经想尝试固体食物了，你都绝对没有做错任何事。每个孩子都有自己的成长节奏（见第 167 页"救命！我的孩子成长不正常？"），这与你做妈妈的能力无关。小友非常肯定，你是无法左右这一点的。

喂孩子米糊还是让他自主进食？

近年来，宝宝自主进食的理念已经深入人心。在德国，孩子不再从吃米糊开始接触食物，而是从一开始就与家里的成年人吃一样的食物。只是食物的大小和软硬度要适合孩子，像面包、水煮蔬菜、软水果、酸奶等都是适合宝宝的。这是让孩子认识食物并向他展示食物原貌的好方法。自主进食使得有些孩子对食物的兴趣更浓厚，因为他们从一开始就可以自己"抓"到食物。不过，这并不意味着让孩子自主进食比喂孩子米糊更好！

之所以这样说，是因为我们知道有些妈妈会因为这种喂养方式而感到压力巨大。这种喂养方式比喂米糊更费时间，也更容易出乱子，并且孩子往往需要更多的奶作为补充。尤其是在刚开始添加辅食的时候，孩子更需要的是进食体验，而不是热量摄入。如果你不习惯这样做，或是这样做会给你带来压力，又或者你对此没有把握，那么采用传统喂米糊的方法也是可以的。

必须给孩子吃自己制作的米糊吗？

不一定！我们知道家常菜可以做得很好，并且有很多优点，因为你知道自己使用的是什么原料，可以更好地调整原料的用量和食材的搭配。但是，正如自主进食一样，亲自烹饪会给许多妈妈带来很大的压力。因为这意味着妈妈要额外付出大量精力，尤其是在看护孩子的工作量本就很大的情况下。

如果制作婴幼儿米糊会给你带来压力，那么你可以并且也应该使用罐装食品，这才是最正确的选择。通常情况下，婴儿食品受到严格监管，不含添加剂，非常适合小宝宝（但请确保没有添加糖！）。德国儿童营养研究院（FKE）的调查显示，60%的家长会用成品米糊喂养孩子。因此，尽管你可能有时认为只有你一个人在图方便，但事实并非如此。

目前，虽然"三糊"规则（午饭吃蔬菜肉类糊，晚饭吃谷物牛奶糊，下午吃谷物水果糊）在德国很普遍，但这并不是一成不变的！如果你根据自己的实际情况对此进行调整也完全没有问题。刚开始时，不要一次给孩子添加太多种食物，这样才能观察孩子的肠胃对新食物的适应情况。从少量添加开始，并继续喂奶，这样既能保证孩子摄入的热量平衡，又能让孩子摄入最重要的营养素。为什么不试试把喂米糊和自主进食结合起来呢？如果你的孩子可以接受，并且你也觉得可行，这也是一种方法。特别是对有多个不同年龄的幼儿的家庭来说，年龄较小的孩子可能自己就会自主进食了。

你自己对于添加辅食没有把握，所以想按上面的"三糊"规则添加辅食？这也没有问题。目前的建议都是根据刚开始添加辅食时宝宝的需求提出的，无论如何都不会错。

⚙ 什么时候需要寻求帮助？

关于添加辅食的问题，在某些情况下你还是需要专业人士的帮助。不过好消息是，这种情况并不常见。在出现以下情况时我们建议你寻求儿科医生的帮助。

▶ 孩子完全不吃东西。

▶ 你怀疑孩子对某些食物不耐受。

▶ 进食会给你和（或）孩子带来持久的压力。

在德国，人们可以在孩子出生后一年内向助产士咨询辅食喂养问题。

不存在"饭渣"

如今这个注重结果的社会甚至在吃饭这件事上都将孩子做了好坏之分。于是，小评又开始勤奋地在"小本本"上给你记下了一条可供自责的"罪行"，或许你的"罪行"是从孩子的婴儿期开始的，或者是从孩子吃辅食、蹒跚学步开始的。无论是什么时候，你一定会听到诸如"你的孩子真瘦！""他吃得这么少，像小鸟一样""她总是想吃甜的东西""你的孩子真挑食"这样的评论。或许有时候这就是你自己的想法，你自己对于什么才是好的饮食、应该吃多少以及怎样才是合适的有一套标准。小评就喜欢你这样想。

在孩子的吃饭问题上，你可能经常感到头疼，因为这是孩子成长中的关键问题。合理喂养孩子，让他茁壮成长，是父母的基本任务之一。你当然也希望尽可能地做好这件事。此外，人们通常会毫无理由地陷入焦虑，即认为偏离常规可能就会产生严重的后果。因此，现在我们要与小友一道，对关于孩子饮食行为最常见的 3 种焦虑心理进行分析，因为它们一直让你自责。

一、孩子吃得太少

你会因为孩子吃得太少而自责吗？如果你的答案是肯定的，那你有必要仔细审视一下自己的内心。什么是"太少"？每个人的能量需求和新陈代谢率各不相同，婴幼儿也不例外。尽管儿童的新陈代谢比成年人的快，但他们的胃容量小，因此每一餐需要的分量也相应较少。

根本就不少！

体重 4 公斤的婴儿通常每天大约要喝 500 毫升的奶。计算一下以你的体重应该喝多少！事实上我们永远也喝不了那么多！因此，对孩子的胃（尤其是小宝宝的胃）来说，他们喝的奶已经相当多了。这在婴儿出生后的最初几天尤为明显。出生第一天的新生儿胃容量为 5~7 毫升，因此，极少量的奶就足以填满它，只不过喂养的频率要高。

但即使是大一点的孩子，父母仍然会觉得他吃得太少。就像奶

量一样，我们往往会对孩子摄取食物的量做出错误的估计。孩子通常需要少食多餐，而我们大人则把自己训练得一天只吃三顿正餐。此外，我们不仅要看最终进入胃中的食物量，还要看这些食物的能量密度。如果你的孩子晚上又喝了一瓶奶，那么这就已经满足了他的热量需求，但有时你凭直觉不会将其计算在内。

需要注意的是，**你的孩子能很好地感知到自己需要多少（以及哪些）食物**。如果孩子的饭量与你预计的不符，你其实没有必要担心和自责。在这里，小友想让你明白，让你感到焦虑的是你自己或他人的期望。因此，你或许可以改变自己的想法。你可以相信自己的孩子，质疑自己的期望。只要父母不对孩子的天然饱腹感进行刻意的训练，孩子对饱腹感是有直觉的。最重要的是，请不要强迫孩子进食！当你察觉到自己想这样做的时候，请向儿科医生、营养师或心理治疗师咨询。

生长曲线

需要关注生长曲线吗？是的。不过，在某些情况下，你更应该关注孩子的体重。例如，许多孩子在出生后体重会有所下降，但在一段时间后就会恢复到出生时的体重。小友会安慰你说，儿科医生和助产士也会关注这一点，这说明他们在某种程度上也在分担你的责任。

或许每次你带孩子体检时，医生都会测量孩子的体重和身高，并将结果填在生长曲线图上。这样你就可以了解到孩子与同龄人相比是什么情况：如果你的孩子的体重处于儿童身高、体重百分位数值表的第 90 百分位，那么说明有 90% 的孩子比他轻，10% 的孩子比他重，但他的体重仍然在正常范围内。这些百分位数是在对一定数量的同龄儿童的体格进行比较后确定的。这些数值很重要，但往往也令人不安——这通常是由于你没有与医生进行充分的沟通。如果你不确定，请在医生测量后向他提出具体的问题，比如"我该如何看待曲线的走向？有必要担心吗？"。这同样适用于体检之外的情况。如果你非常担心，请寻求医生的建议，这比总是为自己无力改变的事情自责要好得多。

因此，重要的是了解以下情况。

- 不同的国家甚至不同的地区使用的身高、体重百分位表都不同，因此"正常"的标准在不同地方是不同的。
- 哪怕孩子的身高和体重一直处于曲线之下，也无须太过担心，只要他的身高和体重一直在增长，通常情况下没什么问题。
- 有时孩子的身高与体重会在短期内不匹配，但通常这种现象很快就会消失。因此，某一次的体检结果并没有特别大的参考价值。
- 如果你的孩子身体健康，即使他的生长曲线没有显示出理想的走向，你也应该正常看待。

二、孩子吃得太单一

有这样一种情况：有些孩子几周以来几乎只吃面条、土豆或肉丸。他们的父母对此感到绝望，自责不已，认为这完全是自己的错。然而，这只是一种极端情况。儿童经常会进食单一的食物，原因不尽相同。

很多孩子都是"超级品尝者"，他们的味觉尤其敏锐，也更关注食物的质地。食物吃到嘴里的感觉是硬的、黏的还是脆的？在某些阶段，只有少数食物能达到他们的标准。你如果遇到这样的情况，比较有用的做法是让孩子参与准备食物的过程。他可以看到各种配料，甚至可以品尝配料，并帮助父母烹饪。这会让他对食物更感兴趣，更乐于接受新食物，并了解到自己能够影响某件事。这些都可以为孩子养成健康的饮食习惯创造良好的条件。

关于儿童餐

一般来说，我们并不建议父母每餐都准备很多的食物。原因很简单，这太麻烦了。如果某个家庭成员不喜欢准备好的某种食物，那就为他提供只需简单烹饪的其他食物作为选择。

让孩子决定某顿饭吃什么，是非常有趣的。食物的搭配可以很随意，不用刻意追求"健康"的食物，而要享受吃饭的乐趣。或许你和孩子还可以一起做饭。

同时，偶尔做一顿或点一份除了你自己之外别人都不喜欢吃的饭菜，会让你感觉很好。至于其他人，当天可能会多吃一些土豆或只是简单地吃点儿面条。这样做的目的是确保家里没有人失去对食物的乐趣和欲望，也没有人不得不过分限制自己对于食物的喜好，因为家里每个人的口味都很重要！

此外，孩子通常对食物有一种天生的"恐新症"，即害怕新食物。从演化的角度看，这是一种非常有益的本能：孩子只吃他熟悉的东西，从而降低食物中毒的风险。大约 1/5 的儿童会挑食，他们往往不得不一次又一次地尝试新食物，直到自己接受。他们在食物的选择上非常小心，但这并不一定是个问题。一般来说，2~6岁的儿童对新食物会有一种警惕心理。小友可以确认，你对此并不能产生多大的影响。通常这种情况只出现在孩子成长的某些阶段，在这段时间，比如几周或几个月内，你的孩子实际上已经摄入了所需的营养。儿童通常不会在自己对食物的需求得到满足后继续进食。

研究表明，挑食的孩子并不一定会出现营养不良或健康问题，很多情况下，他们的发育与同龄人几乎相同。

你的孩子是不是在家特别挑食，但在幼儿园或学校却吃得很好？小评肯定会认为这一定是你的错。但你无须为此自责。在孩子吃饭这件事上，老师的做法可能和你的没什么太大的不同，孩子能好好吃饭更多是因为集体的带动。虽然你的孩子在饮食方面也会以家人为榜样，但有时社交群体的榜样作用更大。那么，请为你的孩子感到高兴吧，至少他在别处能吃得更加多样化，并且有人能够分担你的责任，小友为你感到高兴！

饮食信任原则与躯体智慧

朱莉娅·利奇科（Julia Litschko）和卡塔琳娜·方特尔（Katharina Fantl）两位妈妈针对儿童营养问题提出了饮食信任原则，让轻松的家庭饮食（再次）成为可能，并减轻了很多父母的自责。饮食信任原则有三大要点。

● **回归躯体智慧**。人类生来就知道什么对自己的身体有益，以及自己需要什么食物（这一点在孕妇身上表现得非常明显。例如，孕妇对奶制品的渴望往往是由于身体对钙的需求增加，而对肉类的渴望则可能是由于对铁的需求增加）。儿童更是如此。

- **信任孩子**。也许这是最难做到的。如果父母信任孩子以及孩子的躯体智慧，那么一方面可以提升孩子的自我价值感，另一方面可以让孩子逐步回归直觉饮食——在饮食方面凭直觉做出判断。

- **细心观察孩子的饮食选择**。这一点非常重要，它能够防止孩子因"禁果效应"而渴望某些食物（孩子之所以对这些食物产生强烈的渴望，是因为长期被禁止食用这些食物，而不是出于自己的身体所需），也不会试图用情绪化的饮食来补偿未得到满足的情感需求（比如被关注的需求）。

在实际操作中，运用饮食信任原则的前提是父母能够提供多样化的食物，这样孩子就能够选择适合自己以及自己所需要的食物。像对食物进行"健康"和"不健康"的分类没有必要，甚至会适得其反。**任何人，包括父母自己，都不应该被迫去吃或尝试某些食物。**我们应该在饮食上提供足够的选项和时间，让每个家庭成员做出自己的选择，这样自责就没有扎根的土壤了。

三、孩子吃得很不健康

孩子甜食吃得太多，水果和蔬菜吃得太少……当涉及食物是否健康的问题时，几乎没有父母不会因此而自责。

近十多年来，这种情况愈演愈烈。其中的一个原因是我们接收了太多的信息。人们每天会开展大量关于营养的新研究，但并非所有的研究都是科学的，媒体也会对其进行歪曲报道。但小评对此并不在意。她会利用你看到的每一条信息使你自责。不幸的是，海量"知识"并没有让我们的孩子变得更健康。事实恰恰相反，因为我们对"究竟什么才是健康的食物"感到越来越困惑。

这些芜杂的信息不仅让你对孩子的饮食，也让你对自己的饮食感到迷茫、困惑。20世纪80年代，被视为健康公敌的是脂肪，之后是碳水化合物，现在似乎是糖。如果这些都是真的，那我们几乎什么东西都不应该吃了。曾几何时，人们对鸡蛋不屑一顾，而如今，鸡蛋又被认为是健康食品。关于营养，确实有很多流行的观点，但很少有强有力的证据来证明这些观点。不过，公认的一点是：均衡饮食是健康的，过量饮食是不健康的。因此，在孩子的饮食方面，也适用这样的建议：对孩子多一些信心，对自己少一些苛责。

作为能量来源的糖

近年来，糖的名声越来越差，连营养学家都对这一现象持批评态度。糖是我们最重要的能量来源之一，适量食用即可，不应被妖魔化。有些专家还谈到了缺乏科学依据的"糖瘾"。目前来看，饮食中全面禁糖并不合理，特别是对儿童来说，因为他们往往会对禁止的东西产生更为强烈的兴趣。即使是糖，孩子也知道自己需要多少，而这个量也是因人而异的。

但是，如果孩子是因为被禁糖才大量吃甜食，或通过吃甜食来调节情绪，我们就需要谨慎对待这个问题了。因为这样一来，直觉饮食就不再起作用了。

顺便说一句，预制菜不一定不健康！如果你没有能力烹饪出精美的菜肴，有很多选择可以丰富你的餐桌，减轻你的压力。在这方面你也绝对不必心怀愧疚。当然，你不应该只靠预制菜生活，但它们也绝不是"禁品"。

孩子吃得太多需要担心吗？

有时你会觉得孩子吃得太多、太频繁。大多数情况下，这其实是一个错误的结论，因为这个结论是你基于自己的生活习惯和身体状况而得出的。

一方面，孩子的胃比你的小得多，因此和你比起来，他更需要少食多餐，这让你觉得他似乎一直在进食；另一方面，你的孩子可能正在长身体。这种情况是阶段性出现的，也就是说他在某些时候需要更多的营养，因此就会吃得更多、更频繁。

如果你仍然对此感到担忧，或孩子的体重增长明显且长期偏离正常水平，那你可以带孩子去看医生。如果确实存在需要注意的情况，医生会告诉你是否应该以及如何采取措施。

你的饮食

虽然我们有时会忘记，但作为妈妈的我们也是要好好吃饭的！我们很少像关心孩子那样关心自己的营养状况。然而，一旦开始关注自己的饮食，我们又会给自己施加类似的压力：我吃得足够健康吗？适量吗？我是不是应该少吃甜食？与此同时，我们常常把这个话题与必须达到美的标准（见第32页"救命！我的身体发生了变化！"）联系在一起。此外，关于饮食问题，小评也会从多个方面向你发泄不满情绪。

　　总的来说，对孩子饮食的建议也完全适用于你：你的体重不一定要达到理想状态或平均值，你不一定要完全禁糖，你的饮食行为也是由你自身的情况决定的。当然，与孩子相比，你能更好地理解健康和营养的重要性，也更有判断力。但你也可以重新学习凭直觉进食。对你来说，进食不应该成为一个持续的压力因素，而应该是一种享受。**找个时间好好犒劳一下自己吧！**无论是在家里自己做饭还是去饭店吃饭，这都不重要。请试着不要对自己太苛刻。或许你可以放平心态，就像对待孩子那样对待自己。

小评和小友的对话

小评： 看看她的孩子，今天吃饭又这么差劲。这孩子真的太瘦了。

小友： 这孩子是很瘦，不过他的体重在正常范围内。上次体检的时候她就特地咨询过，医生说一切都很好。

小评： 这我可不确定。这孩子也很挑食，肯定是她母乳喂养的时间太长了。

小友： 孩子通常都挑食，这是正常现象。她和其他父母一样，在这方面也无能为力啊。

小评： 尽管如此，长时间母乳喂养是不好的。

小友： 专家都推荐母乳喂养！而且要不要喂母乳以及喂多久，都由她自己决定。如果她一开始就给孩子喂奶粉，你肯定又有别的话说！

小评： 是的，那样做一点儿都不好。她的孩子会变得又笨又爱生病。

小友： 根本不是这样。这些都是过时的理论。

小评： 说得就像你无所不知一样！她应该从一开始就正确地添加辅食，而不是老蒸一些胡萝卜条，难怪孩子不好好吃饭。

小友： 这完全没有对错之分。孩子需要什么就吃什么，饿了就吃，不饿就少吃。她相信自己的孩子。只要孩子身体健康，一切都没问题！

"救命！我的孩子受伤了！"

一会儿这里擦伤，一会儿那里淤青……想让孩子毫发无损地度过童年是不可能的。事实上你也完全没必要为此烦恼。不过，作为妈妈，你的压力会特别大，因为孩子总会出现一些问题。你了解小评吧？她会指责你说，孩子上次感冒就是因为你没有把他的湿头发擦干；孩子爬到树上摔了下来，是因为你在操场上和另一个妈妈聊了几句。这些该怪谁呢？是你！显而易见。

幸运的是，事情并非如此简单，否则我们就不会写这本书了。在孩子受伤之后，作为妈妈你应该仔细观察、思考自己能否从中吸取教训、规避危险，这并没有错。然而，用自责来折磨自己毫无益处。这种情况下的自责只会让你疲惫不堪，也没有必要，因为你不应该受到责备，你也**不应该为发生在你周围的人身上的一切事情负责**。是的，即使这个人是你的孩子。

此时，请寻求小友的帮助。想象一下她会如何微笑着让你平静下来。你不可能每时每刻盯着孩子，也不可能控制孩子的一举一动，那样做毫无意义。大多数时候，情况并不是那么糟糕（比如孩子胳膊擦伤或脚踝扭伤）。你想保护孩子不受伤害的想法虽然可以理解，但不现实。

孩子在探索世界

你是成年人，你清楚地知道自己对孩子负有责任。这种觉得孩子需要保护的认知就像达摩克利斯之剑悬在你的头顶。当你的孩子腿上有一块淤青站在你面前时，小评就会欣喜若狂地对你挥舞着这柄剑："你的责任重大！你要牢记，你的孩子能否成长为一个自立、自信的成年人，由你决定。"

儿童的危险意识

婴儿尚不能意识到危险，需要被保护。但是，从孩子 3 岁开始，我们就应该逐渐给他应对危险的机会。从长远来看，缺乏此类经验对孩子造成的伤害，远远大于几道划痕、几个小伤疤甚至是手臂骨折。被过度保护的孩子通常会有两种反应：一种是在某些时候表现过激，把自己置于比日常生活中的小危险更大的危险之中；另一种是几乎没有自信，变得非常拘谨和胆小。

此外，摔倒对孩子来说是非常正常和合理的。因为人在成长过程中，身体的重心会发生变化，从胸部和肚脐之间的某处向下移到骨盆。这让孩子保持平衡变得更加困难，结果就是他们会经常摔倒。幸运的是，孩子的骨头比成人的更有韧性，因此孩子不会那么容易骨折。此外，你的孩子还有一点是与你不同的：在面对危险时，他的反应相对迟钝。

小友知道，你对这件事的影响是有限的。在这种情况下，让小友来到你身边安慰你吧。你可以从这个角度看待这个问题：你正在陪伴一个需要学习、探索和尝试一切的小家伙，陪伴他探索这个世界。你已经做得非常好了。

幻想期

更棘手的是，3~7岁的孩子正处于一个非常美妙的时期——幻想期。他们有各种匪夷所思的幻想：在房间里看到怪物，在衣服里发现蜘蛛，和想象中的朋友玩耍，和食物说话，等等。如果这些还不够让你头疼的话，有时还会出现一个无坚不摧的会飞的超级英雄，或者楼梯扶手会变成滑梯或玩具汽车的赛道。老实说，对此谁又有计可施呢？即使是最聪慧的妈妈，也无法预料到这个年龄段的孩子会想出什么荒诞不经、令人难以置信的创意点子。

真正重要的是预防和做好准备

以下几点比捶胸顿足地自责有用得多。

3 从错误中学习。

● 预防发生严重事故。

● 为真正的紧急情况做好充分准备。

为此，我们为你提供了预防措施和应急计划。有了这些，你就能做好充分的准备，并在小评向你发难的时候，获得我们和小友的支持。

以下几点能够有效防止发生严重事故。

- **与孩子有效沟通**。明确的指令比含有"不"字的禁令能更容易、更迅速地得到执行。在存在潜在危险的情况下，大声说"停！"比说"不要往前走！"更有效！此外，使用描述性语言也更容易让孩子理解指令，比如"和我一起在人行道上走"比"不要跑到街上去"更容易理解！对孩子说话要清楚明白，比如"我不想再看到你去爬那棵大树"这句话可能会被孩子理解为你不想看见他爬树，所以他要等你转过身看不见的时候再去爬。

- **排除家里的危险隐患**。一定要安装插座保护装置和楼梯防护网。前者是因为孩子喜欢模仿，他可能看到过父母将插头插进插座里。后者是为了防止孩子把楼梯当成滑梯玩耍而受伤。如今插座的设计更加安全，就算把手指伸进去也不会产生危险，但若孩子想把发卡插进去玩"电工"游戏，那就很危险了。在每个房间安装烟雾报警器和窗锁也是很有必要的，这些东西并不贵，却是必不可少的。此外，厨房里潜藏着一些真正的危险，尤其是烫伤和中毒。请养成将所有锅把手转向内的习惯，这样孩子就无法碰到它们。必要时还可以用防护罩将灶具罩起来。清洁用品和药品（很多家庭会将它们放在浴室或厨房）应存放在孩子够不到的柜子或带锁的盒子里。

- **谨防孩子溺水**。溺水是儿童非自然死亡的第二大原因。我们这样说并不是为了吓唬你，而是要让你重视真正需要避免的事情。无论是在浴缸、池塘、嬉水池还是泳池里，都不要让孩子单独待着，直到他们能够真正安全地游泳。

- **参加急救培训课程**。这绝对是有必要的，尤其是针对儿童的急救培训课程。或许你接受过急救培训，但其中的很多内容并不适用于儿童，并且这可能已经是很久以前的事了，在紧急情况下，你很难回忆起当时所教授的内容。

紧急情况下的应对措施

请做好应急准备：将应急措施写下来，并将其贴在家中显眼的位置。然后与家中所有的成年人讨论这些措施。

你的应急措施中应包含以下3点。

▶ 保持冷静。

▶ 拨打急救电话。

▶ 做出反应。

应急措施中的最后一点（做出反应）包含针对异物窒息、火灾等常见事故的一般措施，以及家中有人过敏或基础疾病（或类似疾病）发作时的特殊措施。你可以通过急救培训课程、医生或药品说明书了解最重要的信息。一本能随时取用的百科全书也会有很大的帮助。

孩子生病很正常

"你的孩子总是生病！"这又是小评对你的指责和咆哮。这怪谁呢？当然是你了，亲爱的妈妈！因为你在孩子游泳后没有及时为他擦干耳朵，现在可怜的孩子得了中耳炎。按照这个逻辑，你另外两个孩子在游泳之后没有得中耳炎却得了重感冒，也一定是因为你照顾不周。小评总是很乐意帮助你解决自责路上的障碍。

疾病种类繁多，导致疾病发生的因素也多种多样。婴幼儿确实经常生病，尤其是当他们开始与其他孩子有更多接触之后。这很正常，因为他们的免疫系统在这段时间里变得强大。孩子平均每年发生 12 次细菌或病毒感染并不罕见，而这些还仅仅是表现出症状从而让你注意到的感染。小友向你保证，你对此无能为力，无法影响或控制它。

我们希望你仔细思考一下导致孩子受伤或生病的各种因素。针对这些因素，以及其他一些会让你自责的情况，我们为你带来了下面的练习。

✎ "不是我造成的！"

当你的大脑在反复思考你做了什么或没做什么、为什么会发生这样或那样的事情时，请大声说"不是我造成的！"，来打断自己的思绪！

之后在纸上写下至少 3 个对事情产生影响的因素。

以孩子得了中耳炎为例，你可以在纸上写下以下 3 个因素。

▶ 孩子在幼儿园里被传染了感冒。

▶ 由于孩子的咽鼓管还很狭窄，比较容易堵塞，所以中耳炎是感冒的常见并发症。

▶ 孩子的免疫系统还在发育中。

练习结束后，请想象一下自己把这张纸贴在小评的额头上，并对她说："给你，孩子得了中耳炎不是我造成的！"

小评和小友的对话

小评： 看看，孩子膝盖磕得流血了！她这个妈妈可真是了不起啊！

小友： 是的，这很遗憾，但请放过她吧。孩子学骑车免不了摔跤。

小评： 她或许应该多扶一会儿车，她放手太早了。

小友： 及时放手很重要。快看，孩子多自豪啊，因为他自己骑了好几米呢。他一会儿会再试一次，总会成功的。

小评： 她真是不负责任！之前也是这样。她去拜访朋友，朋友的女儿得了水痘，现在她自己的孩子也得了水痘。

小友： 她怎么能未卜先知呢？她不可能预料到这件事，这不是她的错。

小评： 但孩子已经痒了好几天，真是太可怜了。

小友： 孩子的确很可怜，她也感到很抱歉。不过，她已经把孩子照顾得很好了，孩子生病是无法避免的。

小评： 你们又在为自己找借口！

小友： 不，她只是想对自己公平一些。她无法控制或避免一切，也不应该对一切负责。

"救命！我生病了！"

作为妈妈的你也会生病。感冒、椎间盘突出或心理问题，一切皆有可能，即使我们并不希望你生病。有些妈妈长期生病，或反复生病，并在生病期间会"退出"妈妈的角色，不得不全身心照顾自己，甚至去住院。"妈妈是不会生病的！"你可能听到过有人这么说。也许小评也是这么说的，但事实并非如此。每个人都会生病，你不用为此自责。当你身心不健康时，你也有权休息并得到帮助。成为伟大的自我牺牲型妈妈（见第 98 页"救命！我现在只是一个妈妈？"）的想法不仅会让你自责，事实上还会影响你的康复。和小友聊聊吧，她会提醒你，对自己是否生病你能产生的影响非常有限。生病不是你主动选择的，对此你无能为力。你不会因为孩子生病而责怪他，也不会因为他在这种情况下需要比平时更多的照顾而责怪他。因此，请你对自己也仁慈一些，因为生病本身就已经够让你难受了。

当你生病时

日常可治愈的疾病只会暂时影响你或让你失去活力，但遗憾的是，现实往往是这样的：你用尽最后的力气强迫自己照顾孩子和家庭、发着烧站在灶台前，或者忍着疼痛陪孩子去上体能课，等等。我们知道，通常这似乎是唯一可行的办法，因为你不能丢下孩子不管。实际上，还有其他办法。为了你的健康，我们建议你**在生病的**

情况下寻求帮助。你休息得越好，就越能更快地康复。

求助他人并不是禁忌

求助不是软弱而是坚强的表现。当你寻求帮助时，你就是在为孩子、为自己、为你们的健康负责，因为你首先要照顾好自己。你要勇敢寻求帮助和支持，即使这对你来说可能并不容易。你身边肯定有人乐意帮你照顾孩子，陪你去超市买东西，陪你去看医生，等等。

有时，我们因为无法给别人任何回报而不敢寻求帮助。但互帮互助是非常常见的——你在生病的时候的确无法直接回报别人，但你以前可能帮对方搬过一次家。乐于助人和社会互助形成了一个庞大的网络，而你就是其中的一员。此外，**帮助他人也会让人感到快乐**。当我们帮助他人时，身体会释放出有益的激素。因此，你不必为寻求帮助而感到自责。胆子大一些！如果你已经可以利用现有的人际关系网，那就再好不过了。或者你可以把某次紧急情况当作一次契机，建立一个互帮互助的网络，以便在非紧急情况下也能找到施以援手的人。

孤立无援的时候怎么办？

当然，你总会有自己生病但仍然需要照顾孩子的时候。在这种情况下适用下面的方法：只要当下这件事对你恢复健康有益，就放手去做吧！忘掉平日里对使用电子产品的规定（见第178页"救命！我的孩子看电视看得太多了！"），和孩子一起蜷缩在床上，尽情享受。你们可以在床上一起看电影、拥抱，甚至在床上吃饭。别担心！此刻被你打破的规矩并不会永远消失。请向孩子解释为什么现在是例外，等你身体好些了，那些规矩就会恢复如常。你可以在这短暂的时间里让自己轻松、舒适一些。你也可以根据情况躺着和孩子玩游戏。

躺着育儿：躺着和孩子玩游戏

当你的体力消耗殆尽，尤其是当你生病时，你可能只想躺着休息。但你的孩子还是想玩，毕竟他们精力旺盛。如果你想一边躺着休息一边照看孩子，以下是一些亲子游戏的建议。

▶ 将你的床打造成一个舒适的小窝。孩子可以带上自己的毯子、枕头和床单来到你的床上，这样你们都会感觉非常舒服，也许你们还可以一起看会儿书。

▶ 你可以让孩子在床上玩过家家游戏，比如用积木搭城堡，在城堡里开玩具车，把纸箱当房子，把床单当海洋，等等。而你可以扮演沉睡的巨人或是一座大山。

▶ 你们可以假装在彼此背上制作比萨，孩子可以揉面团、擀面饼，然后在面饼上撒上各种原料，即使是很小的孩子也能轻松完成。你可以根据自己的状态扮演比萨、厨师，或者你和孩子轮流扮演不同的角色。

▶ 也许孩子想当你的医生。你可以准备一个医生玩具工具箱，或者从急救箱里找些东西来进行角色扮演。能"帮助"生病的妈妈，孩子会很高兴的。

▶ 也可以关上灯，和孩子玩影子游戏。运气好的话，你们还可以一起打个盹儿。

我相信你们还有很多在床上玩耍的创意，请尽情发挥你们的想象力，只要确保你不太累就行。

做孩子的榜样

你的孩子会从你身上学到如何正确地对待疾病，不仅是在他生病你照顾他时，也是在你自己生病时。在某些时候，人们要对自己负责，就必须关注自己身体出现的征兆，在必要时休息一下。如果你在孩子童年时期就为他树立了好榜样，让他学会好好照顾自己，那真是太好了。在如今这个以结果为导向的社会里，我们往往很少让自己休息，即使生病了也是如此——我们想继续带病工作，或至少能尽快重新投入工作。当然，每个人都希望自己尽快好起来，但这也需要一点儿耐心，父母和孩子都是如此。当你的孩子到了一定年龄（3~4岁），他就有了一定的思考能力。甚至在他更小的时候，他往往能凭直觉感觉到妈妈需要更多的休息。

重要的是，**你不需要成为超人**。即使你不能在生病时百分之百地照顾好自己，也不能因此就判定你是个坏妈妈。你只需去做那些在你能力范围之内的、便于你照顾好自己和孩子的事情。

如果你患有慢性疾病或残疾

如果你患有慢性疾病或残疾，它将伴随你一生。你也会像患急性病时一样感到自责（如"无法照顾孩子""无法工作"），同时还会有一些其他方面的担忧。这些自责都是合理的，但它们不应该永远伴随着你。

我们想再次强调，寻求帮助能够缓解你的压力，尤其是在你患有慢性疾病或残疾的情况下。

由于疾病或残疾对你的影响，你的日常生活可能会与其他家庭的不同。你可能需要定期服药、接受检查，甚至频繁地住院治疗。你可能会因为身体上的限制而无法和孩子一起进行某些活动。你可能会因此时不时地责备自己，并为自己的身体状况造成如此大的影响而感到自责。事实上，你大可不必这样！

小友要提醒你，你并不是有意为之，而且你也无法掌控生病或残疾这类事情。和其他人一样，你也有力不从心的时候。在家庭中，家人必须时刻为彼此着想，在照顾孩子这件事上更应如此。每个家庭成员都有自己的优点和缺点。因此，如果你的伴侣因为你的疾病承担了更多的责任，请你不要自责。公平并不总是意味着，所有任务都必须按照同样的比例分配（见第 234 页"救命！我们总是吵架！"）。相反，当所有的需求都被倾听，每个人的需求都被尊重时，才会出现真正的公平（实现这一点可能需要专业人士的帮助）。

孩子的适应能力很强

如果你在孩子出生时就已经生病了，那么他根本不需要适应。他可能根本不会注意到你们的相处和别的母子有什么不同，尤其是在婴儿时期。即使你在孩子出生后才确诊某种疾病，只要给孩子足够的时间和必要的解释，孩子也能适应因为你生病而带来的家庭情况的变化。

孩子的日常生活并不总是会受到你的疾病的影响，即使你有时会有这种感觉。当孩子在托育机构或与其他看护者在一起时，你的病根本不会对他产生影响。在这种时候，他的日常生活与其他孩子的没有两样。

小友很高兴，因为你的孩子会很享受与他的父亲、祖父母或朋友们一起度过的一些美好的时光。你不是孩子生活里唯一的存在，照顾孩子也不是你一个人的责任。如果你的孩子经常有机会与其他看护者一起尝试或体验新事物，这对每个人来说都是好事。这也会让孩子了解到，设想的生活与现实生活是不同的。这也有利于孩子提高人际交往能力。请将此视为孩子了解生活多样性和培养宽容之心的机会。

▶ 专家建议 ◀

做不会自责的慢性病患者

病友妈妈法比奥拉·M.（Fabiola M.）的建议

法比奥拉·M. 患有慢性病，有 3 个孩子。她的病情呈阶段性发展。无论是在疾病发作期还是在缓解期，她的日常生活都会受到很大影响。她在社交平台上分享了自己的日常生活片段。

当我只是感冒的时候，我知道我很快就会好起来的。日常生活只是在可预见的短时间内受到一些影响。不幸的是，在我的慢性病发作的时候，情况则完全不同。我永远不知道下一次复发会持续多久、有多严重、是否需要住院，甚至动手术。于是，我不可避免地会对孩子们感到愧疚。我们不是单亲家庭，但孩子的父亲是个体户，每天都要工作到深夜才回家。我上午在家工作，这对我来说已经相当不容易了。但是，我还是常常觉得对不起孩子们。他们必须懂事，因为我不能像其他妈妈那样陪他们进行体育锻炼，不能和他们一起追逐嬉戏；我们不能出去玩，连午餐也要吃外卖。他们知道自己的妈妈会时不时地躺在沙发上，因为她需要大量的时间来休息。

渐渐地，我们变得越来越有创造力，并想出了一些办法来尽力应对日常生活。例如，我们把浴室（尽管很小）变成游戏室，把沙发和床布置成舒适的小窝，然后躺在上面看电视。我们还会向亲朋好友寻求帮助。我们会重新确定事情的轻重缓急，不再按部就班，也不再在固定的时间吃饭，而是活在当下，看看我们在没有压力的情况下，怎样自然而然地重新安排我们的生活。家不会跑掉，孩子们不会挨饿，在家待上几天也不会导致维生素 D 缺乏。

日常生活重回正轨不仅需要时间，还需要更多的理解，并且要放慢节奏。我的孩子们是在我生病的情况下成长起来的。当然，这对他们来说并不轻松，但他们也能从中受益。他们有时看到的是一个虚弱和饱受疼痛折磨、需要优先照顾自己的妈妈，有时看到的又是一个身体状况稳定、能和他们一起做更多事情的妈妈——此时我又可以把更多的时间花在他们身上了。

虽然给了这么多的建议，但最后我还是要肯定地告诉大家：自责总是会来敲门的。我有时会想，也许我生孩子本身就是不负责任的行为，毕竟他们也会为我担心。但实际上，我生病这件事对孩子的积极影响远远超过了消极影响。无论我身体多么糟糕，我总能给予孩子们应有的爱，而他们也会加倍回报我。他们给了我有时我自己都缺乏的精神力量。

与孩子谈论你的疾病

如果你能和别人谈论自己的疾病以及你对它的种种担忧，你的自责会消散得更快，与孩子谈论也有这样的效果。"你不能这样做，你不能增加孩子的负担！"小评可能会这样批评你。你认为你的孩子完全不能理解吗？或许你甚至不知道该如何跟他谈起这件事。和孩子谈论你的疾病并不容易，但非常重要。因为如果孩子发现你的情绪或行为发生了变化（比如你患了精神疾病），他反而会担心并可能会自责。关于各种疾病的谈话对所有家庭成员都非常重要。

向孩子做出解释

可能的话，为你的疾病起个名字，并用符合孩子年龄的方式描述它。有一些非常好的儿童读物可供你参考，你和孩子可以一起阅读这些读物，这样你就可以用自己的话回答孩子的任何问题了。请一定要开诚布公。请向孩子描述你们能够做什么以及正在做什么。

倾听

当你讲到自己的感受时，你的孩子可能会试图将他听到的信息与他自己的生活联系起来。他会做出比较，而在你看来，这种比较有时并不那么恰当。请耐心倾听，不要否定孩子。这种比较可以为你们提供一个绝佳的机会，让你们一起慢慢认识你的疾病，并且更好地相互理解。

给对话留出空间

给孩子创造空间，允许他说任何话，问任何问题。换句话说，给孩子时间和机会来谈论你的疾病。请你表明自己的态度，让孩子明白，只要他愿意，你们随时都可以谈论这个话题。你自己也要时不时地提起这个话题，这样它才不会被其他人忽视。同时也要给孩子倾诉的机会。你自己也可以这样做，将自己的病情告诉孩子的其他看护者并寻求他们的帮助。任何人都不应强迫孩子进行对话，但同时也不应忽视孩子的主动倾诉。

减轻孩子的恐惧感

每个人都可能生病，没有人可以幸免。如果作为妈妈的你生病了，这并不是你的错。认识到这一点很重要。同样重要的是，你的孩子也要明白，这也不是他的错。当孩子试图理解我们这个复杂的世界时，他会把一些本没有因果关系的事物联系在一起。例如，孩子会认为妈妈生病是因为他没有整理房间。这就是他试图解释世界的方式，而这恰恰会让他眼中的世界变得更加混乱。你要开诚布公地与孩子沟通，让孩子意识到没有人需要为生病这件事负责，包括他自己。如果你患的是心理疾病或非传染性疾病，请向孩子解释，他不必担心自己会染上这种疾病。

在与孩子沟通时，请传达以下信息。

▶"有人可以帮助妈妈。"

▶"妈妈生病不能怪你。"

▶"你可以问任何你能想到的问题。"

▶"你可以尽情玩乐，与朋友聚会，有自己的爱好。"

▶"遇到任何困扰你的事情你都可以向信任的人倾诉。"

儿童的抗压能力

每个孩子都应该有一把保护伞，有了它，孩子就能够承受诸如父母生病等带给他的压力。这把保护伞指的就是孩子的抗压能力，即心理承受能力。它的形成除了孩子自身的因素外，也有家庭和社会的因素。在作为妈妈的你患有慢性疾病这种特殊的情况下，为了保护孩子免受内疚、恐惧、抑郁和胆怯的困扰，你可以通过以下方式培养孩子的抗压能力。

- 让孩子看到你是如何坦然面对疾病的。
- 用孩子能够理解的方式向他解释疾病的影响及治疗方法。

提高孩子的抗压能力

生活总是会给人们带来挑战，在你生病时，你的孩子也面临着挑战。因此，无论如何你都应该提高孩子的抗压能力。以下建议和练习可以帮助你实现这一目标。

▶ 帮助孩子解决问题或克服困难。你可以给孩子一些提示，并给予帮助，但一定不要替他解决所有的问题。你可以通过以下问题给孩子一些提示：**问题具体是怎样的？你能做什么呢？你还能想到什么吗？如果这样做，你觉得会发生什么？谁能帮助你解决这个问题？**最后别忘了问他：**成功了吗？你现在感觉如何？**

▶ 给孩子介绍一个家人之外的值得信赖的人。这个人可以是亲朋好友或孩子的老师等，只要是孩子信任的人就行。你要让孩子明白，你鼓励他向这个人倾诉自己的担忧和恐惧。你们可以与这个人一起制订**应急计划**。当你病情恶化，或者必须去医院的时候，这个计划将确保你的孩子得到妥善的照顾。

▶ 与孩子交谈时表达赞赏和鼓励。以下表述特别能传递出你提供帮助的意愿。**我理解你。慢慢来。我相信你有能力。如果你想和我分享，我很乐意听。你不是一个人！你能做到的。我为你骄傲。我们是一家人，会互相帮助。**

▶ 让孩子参与并做出决定。被重视并且能够对事情产生影响的体验可以防止孩子产生无助感和无力感。如果一个人经常有人向他征求意见，并且他对事情有决定权，那么他的内心就会变得强大，同时充满勇气和自信。

▶ 跟孩子一起关注生活中美好的事物。你们可以每天晚上躺在床上或在吃晚饭的时候问问自己："今天有哪些值得高兴的事情？"

▶ 帮助孩子了解并表达自己的感受。你可以描述自己的感受，也可以积极地与孩子谈论情绪问题。你们可以画出有各种情绪（如悲伤、快乐、害怕、愤怒）的人脸，让孩子说出它们分别代表什么，并想想人们在什么情况下会有这样的情绪。

▶ 跟孩子一起列一份清单，写下你们觉得有益和有趣的事情。如果你现在的身体情况不允许，不能和孩子做清单上的这些事情，那么你们也可以思考一下孩子喜欢和其他人一起做些什么，或者把这份清单保存起来，等到你身体好些的时候再和孩子一道完成。

小评和小友的对话

小评：她的孩子又不能去上游泳课了，因为她头疼，没法带孩子去上课。她的孩子是游得最慢的。

小友：她不是简单的头疼，她是得了偏头痛。这又不是她的错，她不必为此自责。即使是简单的头疼也不需要自责。

小评：她知道自己的病会反复发作，还是要生孩子。真是不负责任。

小友：是她和丈夫共同决定生这个孩子的。他们一家人共同度过了很多美好的时光，这才是最重要的。

小评：你觉得当她的孩子每天都要考虑她的感受时，他也会这么认为吗？

小友：她的孩子肯定有时会不开心，这不能怪他。但这也不是他唯一的感受呀。

小评：在孩子的成长过程中，她总是缺席，孩子从她那里得不到任何支持，不论是精神上还是行动上。

小友：因为患有偏头痛，有时候她不得不暂时退出孩子的生活，这也是为了大家好。在这个时候，总有合适的人可以照顾孩子，他并不孤单。

小评：啊，这么说她又求别人帮忙了！她自己真的什么都做不了。

小友：不，她能做很多事情！只是在她身体不舒服的时候，照顾孩子对她来说太辛苦了。当然她也不是什么都能做到。因此，她是在寻求帮助，而不是乞求帮助。这是负责任和勇敢的表现。

你不必成为超人妈妈。

第三章 3

如何做妈妈？

Täglich gri

das S

成为妈妈是一件美妙的事情，但这种角色的变化往往也会带来恐惧和不安。你是不是无数次问过自己是不是一个好妈妈？是不是无数次听到过别人说所谓好妈妈应该是什么样的？作为妈妈，你可能不断受到评判。如何成为一个既让自己满意，又在被他人评判时不自责的好妈妈呢？

孩子的出生是你人生中一个不可逆的转折点，这会在很多方面改变你。这些重大的变化、巨大的责任以及作为妈妈对孩子产生的强烈情感，往往会让你产生极大的不安全感。无条件的母爱是否存在？它是不是一种社会产物？如果它确实存在，那么它与什么有关？是妈妈的本能让你知道孩子需要什么，还是有一种直觉在指引着你？孩子到底在多大程度上需要妈妈？他需要一个什么样的妈妈？其他看护者和家庭外的看护应该是什么样的？光是这些问题就让人头疼不已。

如果这些问题还不够麻烦，那么关于外界如何评判妈妈，以及我们作为妈妈该如何生活的问题，还会对我们发起狂轰滥炸。刺耳的评论和责备、假装好奇的询问往往只是尖刻批评的伪装。虽然你苦恼于这些批评的声音，但小评可高兴坏了。她的批评喷涌而出：

- 你的形象和你童年时代所了解的妈妈的形象完全不一样。
- 你的形象和当今社会所推崇的妈妈的形象完全不一样。
- 你达到别人的期望和要求了吗？
- 你达到你自己的期望了吗？

所有这些（有时甚至相互矛盾的）批评，都会加重你的自责情绪：当宝宝终于躺在你怀里时，你却没有马上高兴起来！或者你花了太多的时间干自己的事情！你重返职场了，孩子只能送去托育机构？你怎么能这么做?!你不工作，花丈夫的钱？这怎么行！等等。

在做妈妈这件事上，你会在很多方面被指摘（小评对你的要求尤其严格），这会使你陷入自我否定。以下练习能很好地帮助你解决这个问题以及许多其他问题，这项练习就是重新定义。

重新定义

重新定义是指对事物重新做出不同于原来的诠释。这不是美化，而是改变视角，不再从消极的角度看待事物，并把消极的想法转变为积极的解释。从长远来看，它可以抵消自我批评给你带来的消极影响，提高你的思维敏捷度和心理承受力，让你变得更乐观。

举个例子。假设你的儿子从树上摔了下来，你是这么想的："我真是个不称职的妈妈，因为我没有看住他。"这是小评最愿意听到的。

现在，你可以对这件事进行重新定义："我对儿子很有信心，鼓励他独立探索。如果是他自己造成的，就算擦伤了，也是一种宝贵的经验。"这是小友的心声。

可能你需要一段时间才能学会这种重新定义的技巧。请给自己一点时间，当消极的想法在你脑子里盘旋时，请不断进行重新定义的练习。你可以将它写在纸上，有意识地寻找另一种更积极的意义。你不必生编硬造，因为事物都有两面性，一定存在另一种看待事物的角度。找不到的话，你可以问问你的伴侣或身边的朋友。

"救命！我缺乏母爱本能？"

孩子已经出生，你却不知道该怎么办？难道不应该有一个神奇的开关，让你能立刻变成一个超级妈妈，清楚地知道孩子每种哭声的含义以及他现在的需要吗？尤其是在生第一胎时，你可能会没有安全感：母乳喂养是一个如此自然的过程，为什么就没有自然而然地轻松进行呢？在给宝宝换尿布、剪指甲和清洁耳朵时，需要注意些什么？当宝宝哭闹不止而你自己也倍感压力时，该如何安抚他？该如何正确地抱宝宝？宝宝应该睡在哪里？什么时候该喂奶以及多久喂一次？以什么样的频率抚触对宝宝来说是合适的？什么时候的抚触会让宝宝感觉不适？你又是基于什么做出这些判断的呢？

当你被这些问题困扰时，小评就会摆出架势开始训斥你："你还没有做好充分的准备！否则，这些事情现在对你来说应该是小菜一碟！你看看自己是个什么样的妈妈！完全不知道自己的孩子是怎么回事，以及他现在需要什么。一个好妈妈是不需要一遍又一遍尝试的，她会本能地知道该怎么做！"

此时小友会站出来："停！别说了！"

是什么让你认为自己必须做到这一切？是因为几千年来，妈妈们一直都是不经过任何产前培训就能做到吗？是因为这是天生的、进化而来并且由基因决定的吗？真的是这样吗？

真的存在母爱本能和哺育本能吗？对于这个问题，科学研究目前还没有给出明确的答案。人类没有有些动物那样的完全出于本能的哺育行为。不过，研究表明，照料行为是受激素支配的，无论对女性还是男性都是如此。与这种行为密切相关的两种激素分别是刺激乳汁分泌的催乳素和"爱的荷尔蒙"——催产素。催产素的分泌不仅发生在分娩时，还发生在孩子对你微笑时，你拥抱或亲吻孩子时，你们一起欢笑时，以及你照顾孩子时。因此，从激素的角度来看，无论是在爱的层面上，还是在关心照顾的层面上，通常养父母做得并不比亲生父母逊色，因为养父母也会分泌大量催产素。

照料行为是一种社会习得行为

我们人类及其行为不仅仅是简单的遗传产物，而是基因学、生物学和周围环境相互作用的综合产物。我们的社会结构以及成长时所处的社会环境，对我们的成长有着重要影响。我们通过观察、模仿和反馈来学习。20 世纪 80 年代发生在美国俄亥俄州动物园的一则逸事能够为这一观点提供佐证。

1980 年，动物园里一只在圈养环境中长大的雌性大猩猩生了一只幼崽。这位大猩猩妈妈从未观察过其他雌性物种是如何养育后代的。它似乎不知道该如何喂养自己的孩子，结果幼崽夭折了。一段时间后，当这只雌性大猩猩再次怀孕时，动物园园长本打算给它播放有关母乳喂养的影片，但一些支持母乳喂养、刚刚做了妈妈的志愿者却主动提出，她们愿意经常在围栏附近哺乳，好让这只雌性大猩猩通过观察来学习这种行为。之后，它成功对第二只幼崽进行了母乳喂养，这只幼崽便活了下来。

上述激素的作用在于确保你能照顾好自己的后代，毕竟，如果没有父母的照料和看护，孩子可能无法生存。但是，激素并不能保证你立刻百分之百地熟悉所有的事情（你的伴侣也一样做不到），突然掌握新技能，或立刻制订好计划并了解所有该做的事情。所有这些技能实际上是在群体生活中获得的，而它们是养育一个孩子所必需的。人类世世代代生活在集体中，从共同生活的人那里学会了如何照顾婴儿。这些知识和经验是今天包括你在内的很多新手妈妈所缺乏的。如今社会上有很多关于怀孕、分娩和为人父母的培训，这表明我们确实需要这些知识和经验。同时，我们也需要可靠的直觉。你觉得呢？

直觉并不总是正确的

"听从你的直觉！"每个新手妈妈肯定都听过这句话。但母性关怀并非刻在你的基因中，而是在社会中习得的。因此，"听从你的直觉"真正的意思是"**去做你所学到的那些事**"，而不是"**去做想当然的和'正确'的事**"。如果那么多人都把"相信直觉"这条自认为相当实用的建议奉为圭臬，那么人们肯定或多或少对直觉有所误解。因为我们中的一些人在孩提时代"学到"的东西，比如恐吓而非尊重、惩罚而非理解、严厉而非宽容，都已经不再是我们如今想要传递给孩子的东西了。我们现在已经知道，这种养育方式通常不会培养出健康快乐的孩子。

因此，你的直觉可能会因为以下因素而发生扭曲。

- 你的经历。
- 你的认知模式。
- 你奉为榜样的人的行为模式。
- 社会规范和社会理想。

直觉可以为你提供很好的指导，但它有时也会让你感到困惑，这取决于是小友还是小评说了算。在你的童年时期，也许从未有人教过你该如何处理自己的情绪，也可能没有人关注并和你谈论你的情绪。可是只有有过这些积极经历，你才能逐渐形成可靠的直觉。

当你以充满好奇的眼光看待孩子，对他不做预设、不抱有任何期待，你就迈出了找回正确的直觉的第一步。

不要仅凭直觉来看待孩子

与可能扭曲的直觉和被曲解的母爱本能相比，以开放、不做预设的眼光看待孩子会更有益。请认真了解孩子的成长过程，这将让你能够根据孩子所处的发展阶段，对孩子及其生活的世界感同身受。孩子没我们想象的那么弱。如果你允许，你的孩子也会帮助你更好地了解他，同时让你更好地完成作为妈妈的使命。

耐心地练习做妈妈

通常而言，生完孩子 3 天后你就可以从产科病房出院回家。最开始与孩子在一起的时光可能尤其令你不安。虽然你会得到家人的帮助，但你将突然不得不独立处理一些问题。再加上激素的变化，你对强烈的母爱和无懈可击的母爱本能的期待往往会消失，或至少是暂时消失。你会为此自责，为自己的负面情绪感到羞愧。小评也会在此时添油加醋。你如果不能从这种情绪的旋涡中走出来，就会发展成抑郁症。如果你是这种情况，请创造条件，让自己有时间和机会与孩子互动并了解他，这一点极其重要。这也是你成为妈妈、适应新生活的好时机。从一开始，你和孩子之间的关系就非常复杂，你们需要不受干扰地相处，这样你们的亲子关系才能得到发展。如果在这个时候你还想像产前一样，想仅凭一己之力就做好所有的事情，那么你很快就会不知所措、精疲力竭，这会导致你不能好好地照顾自己。如果你的伴侣或亲近的人不能为你分担一些事情，你的体力就会下降，你根本无法再将所有注意力放在孩子身上，你的直觉和本能就会受到影响。

　　这种为人父母的本能并不是天生的，它与分娩或哺乳无关，并且特别容易受到不安情绪以及自身经历或环境的影响。因此，如果这种本能没有像按下按钮一样立即启动，这也不是你的错。请给自己一点儿时间。你有很多机会了解作为妈妈的自己，并找回自己的本能。如果有必要，可以寻求专业人士的帮助。

小评和小友的对话

小评： 什么？孩子又哭闹了一整夜？这也难怪，她真的不知道该怎么做一个妈妈。

小友： 她当然不是什么都懂，但她在学习。她和孩子必须互相适应。当孩子哭闹的时候，她会陪在他身边，这是最重要的。

小评： 但她本应该为自己的新角色做更充分的准备。

小友： 她已经尽力了。突然要对一个小生命负责，没人能对此做好百分之百的准备。

小评： 难道她不应该纯粹凭本能知道该怎么做吗？为什么她不听从自己的直觉？

小友： 她已经听了，但她也会思考这种直觉是否正确。毕竟长期以来，她被灌输了很多错误的观点，其中很多都是无稽之谈，所以她的直觉受到了影响。她需要时间。

小评： 如果她犯了错误呢？

小友： 那她就会从中吸取教训。孩子还小，她了解他的基本需求——食物、爱抚和睡眠。她会和孩子一起努力，找出各种情况下对孩子最有帮助的方法。

小评： 但这听起来并不完美。

小友： 是的，虽然不完美，但已足够好。著名教育学家杰斯珀·尤尔（Jesper Juul）曾经说过：完美的父母是一场噩梦。

"救命！我现在只是一个妈妈？"

一开始，你可能还在寻找母爱本能或为人母的直觉。渐渐地，你对"我是一个妈妈"这件事的认识会越来越深。这无可争议，但这对你意味着什么？成为一个"好妈妈"又意味着什么？他人对你的期望是什么？你喜欢做妈妈吗？你对这个角色有什么感受？你会经常为这些问题自责吗？有些女性完全沉浸在妈妈的角色中，无法想象还有什么比全身心做妈妈更好的事；也有一些女性偶尔会为此挣扎，也许她们在工作中更能找到满足感；还有一些女性甚至会后悔生孩子。妈妈和孩子一样，都是独立的个体，每个妈妈都以自己的方式履行着自己的职责，并与自己的孩子紧密相连。因此，没有人需要为此自责。我们将告诉你如何确立自己的"母亲形象"，小友将帮助你调整自己的期望值。

"好妈妈"的童话

"我真是个糟糕的妈妈！"你是否经常有这样的想法？肯定有那么一两次吧！小评肯定已经这样批评过你。因为你知道你与孩子的互动有多重要，以及你对孩子的影响有多大，因为你想要通过自己的努力让孩子过上幸福的生活，所以你会给自己施加巨大的压力。这是不可否认的。每个妈妈都希望把最好的都给孩子，成为一个好妈妈。有这个目标的你不应该受到指摘，实际上这是一个非常伟大的目标，因为你意识到了自己的责任。那么问题出在哪儿呢？

足够好而非完美

你可能犯了一个很多人都会犯的错误：认为"好妈妈"等同于"完美妈妈"。这给了小评大做文章的好机会。要求自己把每件事都做得完美的人，永远不会对自己满意，甚至会因此而生病。因为完美主义者会长期处于压力和不满情绪之中。

你的完美主义倾向以及你作为妈妈在多大程度上信奉完美主义，取决于多方面的因素，比如：

- 你的基因。
- 环境对你的影响。
- 你的受教育程度。

健康的完美主义有推动和激励作用，但不健康的完美主义会让人忽视自己的需求和天性。信奉这种不健康的完美主义的人，会控制一切，并发现很难放心地把孩子交给他人照看。他们认为自我价值取决于自己的表现，而由于期望值过高，他们对自己的表现总是不满意。事实上，他们对自己从来都不满意。这种完美主义加上为人母的挑战，会自然而然地带给女性压力，让她们感到自责。小评喜欢这样，因为这只会带来糟糕的结果。你能从这些人中看到自己的影子吗？别担心，情况不会一直如此。

你已经知道了，没有人是完美的。你可能之前对自己抱有这样的期望，但有了孩子后，你的生活可能会脱离掌控，变得混乱不堪，不由你做主。要降低自己的期望值，摒弃完美主义，这并不是一件容易的事。但只要有一点耐心，你就可以做到。因为只要做得足够好就够了，不需要做得完美。这就是你的孩子所需要的全部——不会更差，也不用更好。

　　你如果追求完美，就会给孩子树立错误的榜样，给孩子带来巨大的压力，起不到好的示范作用。所以，当你大声训斥了孩子，或是在哄孩子睡觉时心情不好、陪伴时间很短，又或者孩子使用了太久的电子产品导致小评又来埋怨你的时候，**请你一定要记得，最重要的是你要有大局观，它关系到你对孩子的爱和态度，你为满足孩子的需求所做的努力，以及你为给孩子的一生打下坚实的基础而要做得足够好的决心。**如果你能把握住大局，那么那些不愉快的日子、小失误、偶尔的言行不一致等这些细枝末节都不重要了。

✏️ 正面思考

　　不断地强调有助于你将关于妈妈这一角色的新观念内化于心，并与旧观念做斗争。如果你不断地提醒自己接受这种新观念，你就会习惯于正面思考。渐渐地，这些观念也会对你的情绪产生正面影响。因此，你如果为自己是个"坏妈妈"而自责，可以这样做：在纸上写下以下内容或是其他关于你自己的正面信息，并把它挂在你能看到的地方。

▶"我已经足够好了。"

▶"我在尽我所能。"

▶"我欣赏这样的自己。"

▶"我相信自己有能力成为好妈妈。"

▶"即使犯了错，我也是值得被爱的。"

▶"对我的孩子来说，足够好就是最好的。"

你不仅仅是一个妈妈

也许让你自责的并不是你觉得自己不是一个好妈妈。有时候，你只是受够了"只是"做一个妈妈。你总是处于待命状态，耳边总是响着"妈妈，妈妈"的叫声，总是被人称作"××（孩子的名字）妈妈"。**"你不是认真的吧？"**小评抱怨道：**"你说的'只是'是什么意思？当妈是件多么了不起的事啊！"**是的，她说得没错。可是你同时还有其他的角色！妈妈的角色并不是你的一切，它也不能单独决定你的价值和你的人生。因此，如果你想让自己的其他角色重获价值，也是完全合理且正常的。

✏ 认识你的角色

除了"妈妈"，你是不是不再确定自己是谁了？这个角色是不是占据了你太多的空间？现在，请为自己画一幅角色图：在一张大纸或笔记本空白页的正中间把自己画下来。可以画一幅完整的头像，也可以只画个圆圈，或者什么都不画，只是写上自己的名字——有了孩子后，你听到自己名字的次数是不是要比听到"××妈妈"的次数少得多？

然后以此为中心，在周围写下你人生中的其他角色，比如伴侣、女儿或朋友（不一定包括所有的，但一定要包括那些对你来说重要的、对你有深刻影响的家庭和社会角色），还有一切能体现你个性和兴趣的特点，比如"唱歌好听""热衷于俱乐部活动""热爱阅读"或"环球旅行家"。不要忘记写下你心仪的职业，即使你当下并没有从事这个职业。那些你由于做了妈妈或其他原因而暂时中

断的角色也可以写在这幅角色图上，只要你觉得它们是你个性的重
要组成部分。

　　这项练习可以帮助你重新认识现在的、过去的，甚至是将来的
自己。虽然责任有时让你不知所措，但意识到自己还有很多其他的
角色也是件好事。如果你沮丧地发现你并不能通过这项练习认识到
更多面的自己，那么请记住：因为孩子还小，在这段时间你需要有
强烈的母爱。但是如此强烈的母爱只存在于人生中的一个短暂阶段。
在不久之后，可能比你想象的还要快一些，你的其他"自我"将获
得更多的空间，能够重新得到展现。

　　当然，你不必也不应该完全放弃那些曾经塑造你的一切！请重
新激活让你特别怀念的那部分自己，因为那样的自己让你感到快乐，
并让你成为现在的自己。这样一来你就会感觉精力充沛，并且更加
享受做妈妈这件事。以下建议有助于你实现这一目标。

🔧 如何为自己的不同角色创造时间和空间？

▶ 利用你的"属于自己的时间"（见第 123 页"救命！我要尽
情享受属于自己的时间！"）。

▶ 允许自己有时间与伴侣共处（见第 245 页"救命！我们没有
时间陪伴彼此！"）。

▶ 如果你想重返工作岗位，请不要心怀愧疚（见第 112 页"救
命！我（不）想重返工作岗位！"）。

▶ 让孩子了解你喜欢什么、擅长什么、怀念什么。或许你可
以在陪伴孩子的同时重拾爱好，比如骑马或跳舞。

▶ 你可以参加一些与孩子和家庭无关的活动，这样你就不会只是"××妈妈"。

▶ 与那些在你还没有成为妈妈之前就认识的朋友保持联系，即使是那些没有孩子的朋友。

没有人需要超人妈妈

这种作为妈妈的自责并不是只困扰着你一个人，许多妈妈都有和你一样的感受，小友对此深信不疑。它之所以如此普遍，是因为我们的社会对妈妈的要求如此之高，我们根本无处可逃。妈妈的形象在历史上一再改变，而在最近几十年里，则被美化成一种难以实现的理想。

现如今人们对妈妈的期望是什么？

有些人认为，理想中的妈妈在工作和家庭中都应该付出200%的努力。在养育孩子的过程中，孩子应该占据中心位置，这是毋庸置疑的，但对父母来说也充满挑战。有时，人们可能会吹毛求疵，认为父母要对孩子的所有事情都负起责任，这就给父母带来了巨大的压力，尤其是妈妈！现如今，我们都非常清楚父母对孩子的成长有多么大的影响，因此，人们有这种想法也无可厚非，但这种想法却是错误的。你其实并没有那么大的影响力，你只是影响孩子的众多因素之一，而且你并不是孩子成长中唯一的责任人，这一点详见第167页"救命！我的孩子成长不正常？"。小友希望你能了解这一点，它能减轻你的心理压力，当有人再对你评头论足时，你可以用它予以回击。

妈妈们经常会面临很多要求，但实际上你**不必成为超人妈妈**！你要时刻谨记这一点，即使社交媒体和广告不断塑造着这样的形象：一个充满母爱、做好充分的准备、反应迅速、有耐心、有韧性、有自我牺牲精神的妈妈。她在工作中非常成功，同时也是一个很会照顾人的妈妈、妻子和家庭主妇。她总是鼓励自己的孩子，能把家装饰得很漂亮，还是个手工达人，而且从不抱怨，总是面带微笑。这种母亲形象并不是你心中的理想形象，你只是错误地把它当成了自己的理想形象，因为你是在它的陪伴下长大的，也因为你往往不知道还有其他形象存在。你当然会因此而自责，因为你无法达到这样的理想状态。

因此，压力来自以下几方面。

- 你自己（因为你对自己有期望）。
- 你周围的环境。
- 其他妈妈（见第 14 页"妈妈们之间的'战争'"）。
- 专家和社会上的相关人士。

作为妈妈，你时刻处于他人的观察之下，也时刻处于压力之下。因此，请立即在脑海中划掉上面罗列的后 3 点，因为你不该以它们为准则来衡量一个妈妈。请关注你自己真正的想法。

思想上的"斤斤计较"

"不要什么事情都斤斤计较！"你可能对这个"不要吹毛求疵"的要求并不陌生。但我们鼓励你"吹毛求疵"，因为我们相信，你可以在自己设想的母亲形象中挑出很多毛病。

请对以下说法"吹毛求疵"：

►"好妈妈必须 / 应该……"

►"孩子需要……"

►"在一个家庭中，人们这样做 / 是……"

►"就是这样……"

►"人们会……"

►"一直都是这样……"

你在听到或想到其中任何一种说法时，就要提高警惕，然后仔细思考并质疑：这种说法从何而来？你相信它吗？有事实来支持这种说法吗？还是它只是一个未经核实就照搬过来的伪知识？你能把"人们"换成"我"或"我们"吗？或者你压根儿不想这么做？它适用于你、你的家庭、你的伴侣、你的孩子吗？这种说法经得起推敲吗？

请和小友一起将注意力集中到作为妈妈的现实表现中来，并向周围的人展示妈妈真实的形象。这并非易事，却是我们重塑母亲形象的唯一途径。你可以通过自己的主动改变，帮助人们打破强加在我们所有人身上的所谓的完美妈妈形象。例如，在超市停车场里，当你看见一个妈妈带着尖叫和胡乱扭动的孩子时，请帮她把手推车放回原处；树立自信但并不完美的妈妈的形象；与不请自来的建议、家长作风和指手画脚的行为划清界限；始终清楚地告诉身边的人，孩子的成长并非由你一个人负责；让别人看到你的不完美——其实这也是在为他人树立榜样。

成为你想成为的妈妈

如果你能成为自己想成为的妈妈，那你就会更容易且更用心地扮演好妈妈的角色。但是，还是那句话，不去理会别人的需求和期待、不管所谓的"妈妈们之间的'战争'"和"都是为你好"，搞清楚自己想成为什么样的妈妈，这些并不那么容易。你甚至常常没有机会倾听自己的心声："什么对我来说是重要的？我的价值观是怎样的？我想怎样做妈妈？"你脑海中关于母亲形象的烙印如此之深，以至于有时你甚至没有意识到那只是其中的一个选择而已，你还有其他的选择。事实上，你的确有其他选择！以下关于塑造母亲形象的练习可以帮助你更好地回答上述问题。

✒ 画出你作为妈妈的形象

找一张最好不小于 A4 大小的纸，大一些更好。在纸上画出你的样子。只画身体的外部线条，内部留出空间，然后把你对妈妈这个角色的所有想象都填进去。

▶ 你的价值观（比如做人要诚实）。

▶ 你想扮演的角色（比如孩子的玩伴）。

▶ 你的爱好。

▶ 你的职业。

▶ 与你有关的人（比如你的伴侣、同事）。

▶ 你对妈妈这个角色的所有观点（包括积极的和消极的）。

把画好的形象图挂在你经常可以看见的地方，或者存在你的手机里。当日后你又因为周围人的期望而感受到压力时，你可以看一看这幅画，并且问问自己："我为什么会自责？是因为我为无法做到某些对我来说很重要的事情而感到焦虑吗？"如果是这样的话，你就可以努力去做，但完美依然不是最终的目标。又或者你自责的原因是你认为你必须满足那些外部的而非你自己的要求？那么请立即停止这样的自责！

重要提示：你的形象并不是一成不变的。在你的"形象图"上，你可以随时删掉想象中的某些元素，也可以随时添加新的元素。

你会逐渐适应妈妈的角色，有时会快一些，有时会慢一些。没有人会在生下孩子的后一秒钟就自动成为另一个完全不同的人。为了一点一点地了解作为妈妈的自己，你必须时不时地从各个方面去审视这个角色，并将现实与你对妈妈角色的设想进行比较。你不仅会一次又一次地重新认识自己的孩子，也会一次又一次地重新认识自己。这是好事。你和孩子将一起成长，一起面对这种特殊关系带来的挑战。有时你会认同自己的角色，有时它则会给你带来很大的压力；有时扮演这个角色是那么自然而然，有时扮演起来却很辛苦。其实所有的角色都是这样的。我们在生活的各个方面都会有这样的体验，有时感到快乐满足，有时又不那么轻松愉快。

至关重要的一点是，你要保持真实，为了你自己，也为了你的孩子。当然，每个妈妈对孩子的影响方式都不尽相同。无论你是不是家庭主妇，无论你是更看重作为妈妈的责任还是顺其自然，都会对孩子产生影响，但这种影响并没有好坏之分。真正糟糕的是你强迫自己扮演一个不适合自己的角色，或是你在面对孩子时并没有展现出真实的一面——事实上，你可能非常不快乐。

　　你的生活压力已经够大了，不要允许任何人在你应该如何做妈妈这件事上指摘你。你要塑造自己的母亲形象，规划好自己的生活，并坚持自己的梦想，这样，你就会慢慢地在扮演自己的角色时变得越来越快乐。

后悔做妈妈

　　综上所述，有些女性后悔成为妈妈也就不足为奇了。这并不是因为她们不爱自己的孩子，而是因为她们为既定的母亲形象所累。她们怀念自由、灵活的生活，怀念自己做主并只对自己负责的感觉。她们可能会在家庭、事业和保持自己的生活方式三者不相容的重压下崩溃。她们之前对这一切的想象和憧憬与现实是截然不同的——现实给了她们一记重重的耳光。与孩子在一起的美好时光并不能（或不再能）抵消为人母给她们带来的诸多压力。她们的痛苦可能比幸福更多。没关系，这些都是可以理解的。你如果为此感到羞愧或自责，对任何人都没有帮助。如果你正深陷后悔的旋涡，请记住：你是有办法逃离的。

抱怨是被允许的

　　作为妈妈，你不必每天都开心。"你都已经决定做妈妈了，那就别抱怨了！"你听过这句话吗？相信你一定听过！你对这句话有什么看法？它会让你自责吗？你认为你必须每天、每小时、每分钟都对自己作为妈妈的生活感到满意吗？你不应该对此有抱怨吗？

胡说八道！想想你的角色图上的其他角色。你在工作中总是感到快乐和满意吗？作为女儿呢？作为妻子呢？作为朋友呢？都不是！每个人都有顺境和逆境，每个角色都会对你提出不同的要求，你在每个角色上都会达到自己的极限。当这种极限状态对你产生激励作用时，你可能会感觉良好，比如在体育运动中。但有时，你也会因此而不知所措，感到烦恼或悲伤。这就是生活！你可以也应该承认这一点，毕竟，这么做可以减轻你的精神负担。幸运的话，你甚至可能得到帮助；如果你不那么幸运，也不要害怕寻求帮助。

你之所以抱怨，是因为你希望生活有所改变。适当地抱怨几句是被允许的，因为偶尔的抱怨能帮助你发掘自己的需求，认识到自己的极限。它可以作为一种发泄方式，（不时地）为负面情绪留出空间。尽情抱怨吧，把一切都发泄出来。但也不能没完没了地抱怨。就像你脑子里的杂念一样，无休止地抱怨也并不能产生积极的效果，因为这类似于"剂量决定毒性"，过犹不及。请给自己一个拥抱，给予自己同情，并安慰自己。"有时候做妈妈并不容易。"你可以把这句话说出来。

给自己一个拥抱

你知道"蝴蝶拥抱法"吗？这是一种通过使自己拥有平静、安全和自我怜爱的感觉来增强复原力的练习。任何时候，当你渴望获得平静、安全和"这就是我，我这样很好"的感觉时，你都可以进行这样的练习。你所需要的仅仅是你的双臂。

双臂交叉在胸前环抱，左手置于右上臂，右手置于左上臂。闭上眼睛，双手交替拍打上臂。左、右、左、右。缓慢、均匀地呼吸，让自己放松下来。这样的练习能够同时激活你的大脑左右半球，具有镇静作用。

小评和小友的对话

小评： 她又在抱怨吗？

小友： 她不是在抱怨，只是在表达自己的感受。现在这一切对她来说真是太难了。即使是妈妈，也不必对一切都感到满意。

小评： 是她自己想当妈妈的！现在她却总是抱怨。她为什么一定要去工作？难道做妈妈对她来说还不够吗！

小友： 她爱她的孩子，但她也有很多其他的角色。她不仅仅是一个妈妈，工作能让她的生活保持平衡。

小评： 但在孩子出生前，她可不是这么说的。

小友： 是的，因为她之前想象的和现在不一样。当时她并不清楚如果自己这么长时间独自在家带孩子会是什么样的感受。人的感受是会变的。

小评： 她之前还说要自己做饭、少看电视，绝不大喊大叫，面对孩子也坚持原则。

小友： 她已经够好了，已经尽自己最大的努力来满足孩子和家庭的需求。有时人们必须抛弃之前的设想。之前那一切其实不是她自己的想法，而是来自别人的期望。

小评： 这么说，她讨厌当妈妈，所以不想干了？

小友： 不是的，她喜欢当妈妈，但她不喜欢有时让她感到痛苦的外部环境，也不喜欢满足其他人对她提出的期望。

"救命！我（不）想重返工作岗位！"

对大多数妈妈来说，重返工作岗位的时刻迟早会来临。那么这时就会出现一个大问题：如何在做好工作的同时做一个好妈妈？你是否曾经对此感到害怕？或是你现在仍然感到害怕？重返职场这个想法在你脑海中徘徊了多久？你想重返职场，甚至希望事业有成，但担心因此错过孩子成长过程中的一些重要时刻？还是你觉得应该待在家里，放弃自己的事业？但这样的话，收入怎么办呢？其实，无论做出什么决定，你都不会觉得这个决定是完全正确的。

你可能已经和其他人讨论过这个问题，并询问了他们的想法。如果你身边有可以与之坦诚、客观地交谈的人，这么做确实是个好主意。然而，就像在讨论所有与做妈妈有关的事情时一样，你可能会听到许多不同的意见，包括批评性的意见：如果你很快重返全职工作岗位，你会被贴上"事业心重的狠心妈妈"的标签；如果你选择从事兼职工作，那么你的工作和收入可能都不稳定；如果你选择做家庭主妇，那么你可能需要为自己的养老问题担心，因为你对家庭没有直接的经济贡献。因此，怎么选择并不重要，因为你永远不可能取悦所有人，尤其是小评。

但是小友会提醒你，这也不是你的责任。一般来说，你们家庭的决定不应该由你一个人拍板，你更不需要去顾及核心家庭以外的其他人是否同意这些决定。你是与家人一道做出适合你们自己的决定的。

⚙️ 做出决定

以下原则有助于你做出决定。

▶ 考虑清楚，不要操之过急。

▶ 不要让担忧（比如担心托育机构是否合格或是害怕职业生涯终结）左右你的选择。我们会专门用一节来讨论家庭外看护的问题（见第 211 页"救命！别人在照看我的孩子！"）。至于职业生涯终结的问题，请思考一下你在这方面的担忧是否仅仅关系到当下。请你记住，孩子会逐渐长大，你的生活也会再次发生改变。

▶ 坦诚地与你的伴侣和其他对你来说很重要的人交流，把你的担忧、恐惧和愿望告诉他们。

▶ 想一想你是怎么看待性别问题的。做任何选择都可以，但没有一个选择应该由你的性别决定。你可以做职业女性，也可以做家庭主妇，或者做其他任何你想做的事情。

▶ 屏蔽那些反对的声音，坚持那些你慎重做出的决定。你只需做出对你自己和家庭有利的决定。

▶ 如果你必须重返职场，请参考上一条原则。你是因为需要钱而不得不回去工作，还是因为不想放弃自己的事业？不管是因为什么，就这样吧！你和你的家庭肯定会尽自己最大的努力平衡好这一切。

工作不仅仅是谋生手段

对很多人来说，工作不仅仅是谋生手段。虽然在大多数情况下，人们工作主要是为了谋生，但工作同时也能满足人们其他一些非常重要的心理需求。研究表明，不工作的人缺乏以下几方面的体验和感受。

- 时间规划。
- 对自己能力的感知。
- 生活的意义。
- 认可和赞赏。
- 与他人的接触和交流。

如果你是全职妈妈，你在以上几方面的需求可能无法在日常生活中得到满足。当然，这也取决于你的性格：你能忍受你的计划脱离掌控吗？你对生活以孩子为中心这件事的容忍度如何？你越是一个随遇而安的人，就越容易应对这一切。对你来说，做妈妈这件事是否和工作一样有意义？或者，你是否觉得不工作就缺少了什么？无论你是怎样的人，也无论你从事什么职业、别人如何看待你的职业，重要的是，生活中是否有让你感到满足的事情。你可以从做妈妈这件事中获得满足感，也可以从你的工作、爱好中获得满足感；或者，做志愿服务者也可能会让你感到很满足。

很多女性觉得自己没有能力胜任妈妈这一角色，而这正是现代为人母者的典型心理。如果没有这种持续困扰着妈妈们的不安心理，我们可能就没有必要写这本书了。正是这种不安导致妈妈们自责和内疚。因为多年的学习经历，作为职场中人，我们往往有一定的专业背景，对自己的工作能力有一定的把握。与此不同的是，作为妈妈，我们（往往）一开始就感到能力不足。如果你也有这样的感受，小友提醒你放宽心，因为这并不能证明你真的没有能力，而是因为你根本不可能满足外界对妈妈提出的那些要求！（见第98页"救命！我现在只是一个妈妈？"）来自周围人以及其他妈妈不请自来的建议只会加剧这种无能感（见第14页"妈妈们之间的'战争'"）。你作为妈妈所做的工作并不会让你得到赞扬和认可，但你在工作上取得的成就却可以。

当妈妈们不再工作时，她们通常非常想念职场生活，希望尽快重返工作岗位，这是完全可以理解的。同样可以理解的是，如果妈妈们觉得自己的工作并没有给自己带来特别的成就感，她们会选择继续待在家里，因为她们非常享受这段居家时光。又或者她们曾有过一份有意义的工作，但发现照顾孩子同样能令自己感到满足。如果同时身边的人也能给予积极的反馈，她们就不会急于重返工作岗位。

你属于哪种情况呢？你目前的生活能否满足你的需求？现在请想一想你在哪方面的需求尚未得到满足，或许你就会意识到自己还缺少什么。当然，认识到这一点并不总是那么容易。在做决定时，你一定要优先考虑自己的需求。如果你并不是因为某些原因（如家里急需用钱）被迫做出目前的选择，你也可以改变自己的决定并找到新的解决方案。你如果没有做出正确的决定，也不要责怪自己！**因为没有做出正确决定的人并不是罪人！**

我们希望你能成为你想成为的、不会自责的妈妈。虽然我们并不了解你，不知道哪条路适合你和你的孩子，但我们可以肯定的是：如果一概而论地规定妈妈应该或不应该做什么，如"对妈妈来说，没有什么比孩子更重要"，或是"妈妈必须全天候陪伴孩子"，在这样的前提下，你是找不到出路的。

　　你没有责任确保其他人对你的生活方式感到满意。因此，小友建议你：质疑关于"妈妈应该是……的"的观点；如果你不是"那种妈妈"，就屏蔽掉相关的观点。如果你想（或者必须）成为职业女性，那就去做吧。没必要为此感到不安！如果工作能使你快乐，那就更好了——因为孩子需要快乐的父母。一个觉得自己能胜任工作并且对自己很满意的妈妈是多么难能可贵！如果工作能给你带来成就感，或者让你在社交方面更加平衡，或以其他方式让你更加快乐，那么你的孩子也会从中受益。无论你的工资多少，只要能找到合适的看护机构（见第 211 页"救命！别人在照看我的孩子！"）并充分利用亲子时光，你都不必担心亲子关系和孩子的成长。

🔧 充分利用亲子时光

　　如果你因为重返工作岗位而与孩子分开的时间变多，那么你们共同度过的时间就显得格外宝贵。不过，在大多数情况下，你不可能把所有的非工作时间都用来和孩子一起做手工、外出游玩或读书。此外，你可能还有家务和其他家庭琐事需要处理。或者你会因为工作而感到疲惫从而做不了其他事情。这时你可能已经开始自责了，因为你没有用育儿理论最推崇的方式来陪伴孩子。如果是这样的话，请你思考一下这句话：

　　"孩子的童年与日常家庭生活密不可分。"

　　孩子不一定要一直有娱乐活动，他也可以融入日常的家庭生活中。作为家庭的一分子，孩子如果能为家庭做出贡献，这样的经历对他来说也非常宝贵。当你有这样的认知时，你就不一定非要用一连串的娱乐活动塞满孩子的童年时光。你可以跟孩子一起安排你们的日常生活，而不是各干各的，这也是一种高质量陪伴。

尽力平衡工作和生活

关于那些让你焦虑的关于"当妈的必须……"的说法，相信现在的你比之前更加清楚自己的孩子真正需要什么了。在下面的练习中，我们将为你提供一些兼顾生活和工作以及协调家庭生活的方法，你可以根据自己的需求选择适合自己的方法。

🔧 这不是你一个人的事情

身为妈妈的你能否平衡好工作和生活事关整个家庭，因为照顾孩子不是你一个人的事。通常要对孩子负责的还有孩子的父亲。因此，当你重返职场后，你和你的伴侣可能需要重新划分职责（见第234 页"救命！我们总是吵架！"）。另外，在必要时要寻求他人的帮助，这一点也很重要。不要一个人扛下所有的事情。

亲子共读

在不被打扰的情况下专心地为孩子读 15 分钟的故事，就能让你们的亲子关系变得更加融洽。你如果白天时间较少，那就将阅读时间固定在晚上。

预留休息时间

尽可能在下班后和接孩子前的这段时间里让自己休息一下。我们建议至少留出 30 分钟的时间，让自己从工作状态中抽离出来，调整到与家人相处的状态。你可以在这段时间里做一些放松身心的事情。还有非常重要的一点是：不要在饥饿的时候去接孩子。因为孩子回来后会有些疲倦，通常会表现得不愿意配合，而如果你此时自己感到饥饿，情绪就会不稳定，这样的情况会让亲子关系变得紧张。

安排亲子游戏时间或与孩子独处的时间

在忙碌地工作一段时间之后，你可能会自责，觉得自己没有花时间好好陪伴孩子。那么你可以在工作告一段落后拿出一段时间，与孩子做亲子游戏或享受你与孩子独处的时间。例如，你可以整个下午都和孩子待在一起，做一些他喜欢做的事情，以此增进你们之间的感情。

对其他事情说"不"

找出耗费你时间和精力、让你无法完成某些紧急任务的那些事，并与之划清界限，对它们说"不"。例如，你不想再烤蛋糕了？或者不想再帮朋友照看宠物了？那么请礼貌但坚定地说出来。

坚信你已经足够好

把自己从"必须完美地完成一切"的期待中解放出来。扔掉包袱，因为人无完人，你已经做得很好了。

▶ 专家建议 ◀

不带着自责工作

工作与生活平衡专家汉娜·德雷克斯勒（Hanna Drechsler）的建议

汉娜·德雷克斯勒是文化学者、感统（感觉统合）教练和顾问，主要为女性（尤其是妈妈）提供咨询服务，帮助她们平衡好工作与生活。

无论是家庭主妇还是在兼职工作，妈妈们似乎做什么都不"正确"。作为本书的读者，你肯定知道这是为什么：因为妈妈的身份总是受到别人的评判。

这就可能导致，如果你是一个有全职工作的妈妈，在处理自责情绪时，你的第一个重要认识就是：无论你做什么工作、挣多少钱，自责都会困扰着你。

为此，在工作中你要有意识地做出符合自己需求的决定。你做出的决定越有意识、越合理，说明你对自己和家庭承担的责任就越多，自责的可能性就越小！

确保你的工作环境尽可能满足你的需求

你越是喜欢自己的工作，它越是符合你的价值观、有利于你发挥优势和潜能，你就越能从中汲取更多的能量。一份你喜欢的工作不仅能提升你的自我价值感，还能拓展你的社交圈。如果你的工作能给你带来力量，你就会把这种力量带到你的家庭生活、夫妻关系和亲子关系中去。

记住，变换工作和角色通常会给你带来内心的平衡

所谓的平衡，是指那些对你来说非常重要的生活领域之间的平衡。如果在产假期间你独自一人照顾孩子，你往往就会担心，一旦重返工作岗位，自己就无法再很好地满足孩子的需求。而且随着事情的增多，你担心自己不能很好地应对。这可能导致你在工作中表现得不积极，实际工作时间比自己期望的少，相应地，承担的工作任务和获得的报酬也会减少，且与自身能力不符。但你要知道，在理想的情况下，上班挣钱不应该成为一种额外的负担，而应该是一种使人生充实的方式。同时，你也不要忘了，随着年龄的增长，孩子的需求也会发生变化。

请与你的伴侣共同努力，合理分配任务

还有一个很大的问题：大多数情况下，虽然妈妈也上班挣钱，但爸爸并没有同等地分担做家务和照顾孩子的任务。

做家务和照顾孩子本身就是一份全职工作。如果按照德国比较典型的做法，爸爸从事全职工作（100%），妈妈从事兼职工作（50%），那么做家务和照顾孩子的任务不应该由妈妈承担90%，由爸爸承担10%。但不幸的是，这样的情况经常发生。从长远来看，这会导致妈妈的负担过重。如果你家也是这样的情况，那么你可能会因为家务做不完或做不好而越来越自责，你觉得自己满足不了任何人的需求。

因此，你和你的伴侣需要根据你们的工作情况来决定如何分配做家务和照顾孩子的任务。

找到合适的照顾孩子的方法

另一个常见的让你感到自责的原因是，你会对自己照顾孩子的质量和时间产生怀疑。在这一点上，你一定要充分了解自己以及孩子的情况，并相信自己的直觉。只有你或你们夫妻才能决定在何时由谁来照顾孩子，最重要的是你们要根据自己的情况做出决定。与孩子关系融洽的其他看护者，无论他们是其他的家庭成员、保育员或是老师等，都能给你和孩子提供很大的帮助。

制订满足整个家庭需求的计划

兼顾工作和生活是一件需要灵活应对的事情，因此，你可以与伴侣一道探索适合你们的灵活的生活模式，比如制订每周计划，将工作和照看孩子的时间固定下来，或是规划好双方各自的休息时间或过二人世界的时间。请尽量安排好你们日常生活中的固定性事项，并为某些特殊事项预留时间，而不是试图在同一时间做所有的事情。

分清轻重缓急——不必完成所有的事情，只需完成那些对你来说真正重要的事情

以需求为导向的养育方式，要求父母不仅要关注孩子的需求，也要关注自己的需求。工作时与照顾孩子时你所满足的需求截然不同，二者无法相提并论。工作时，你可以自主做出决定，与其他成年人交流，学习专业技能，并能从与孩子的相处中抽身出来，喘口气。而与孩子在一起时，你可以展现自己完全不同的一面，这一面也许是富有创造性的，也许是爱闹爱玩的；与孩子相处也能让平时忙得不可开交的你暂时从工作中抽身出来，放松一下。你可以两者兼得，乐在其中！

小评和小友的对话

小评： 什么？她现在就想重新开始工作，而且立即开始全职工作？真是太自私了。孩子根本指望不上她！

小友： 不是这样的。她喜欢工作，她需要平衡一下。工作能让她成为一个更有耐心、更快乐的妈妈。全家人都能从中受益，他们会更享受与彼此在一起的时光。

小评： 这是什么意思？这样她就很少能见到自己的孩子了，她不会难受吗？

小友： 当然会。这之间肯定会有矛盾，可这就是生活啊。

小评： 但孩子还那么小，他需要妈妈。

小友： 不对，孩子需要的不仅仅是妈妈。孩子需要熟悉和信任的看护者，需要有人能很好地照顾他。托育机构里也有这样的人。你希望她一直待在家里吗？

小评： 不，这也不可能。她不该靠丈夫挣钱养活。她是现代女性！

小友： 没错！她是现代女性，她会做出自己认为正确且对家庭有利的决定。幸运的是，她有选择的权利。如果她想待在家里，她也可以这样做。照顾孩子的价值并不亚于上班挣钱。

"救命！我要尽情享受属于自己的时间！"

请为自己安排足够的休息时间！如果你不是在仅仅休息 5 分钟后就开始自责的话，这听起来真是一个不错的建议。小友认为，你其实完全没有必要为此自责！对孩子的责任是可以暂时放下的，享受属于自己的时间不太可能给你和孩子以及你们的家庭带来什么严重的后果。休息一下可以让你在照顾孩子时更细心、更有耐心。正如我们一直强调的，妈妈们是可以放松一下的。

然而，你的自责会让你觉得只要自己能安静地上个厕所，或是将婴儿监视器放在旁边，自己躺在浴缸里泡上 15 分钟就足够了。不是的！能做到这些固然很好，但这并不是真正意义上的享受属于自己的时间。享受属于自己的时间是你定期"充电"、保持（心理）健康所需要的。在空闲时间里，经常会有一个令人讨厌的伙伴——小评出现在你身边。她会告诉你，你不配拥有这些时间，只要你休息一下就会忽略其他的工作，就是自私的表现。就像在大多数情况下一样，她错了。因为这种说辞背后隐藏着如今盛行的关于妈妈自我牺牲的神话。在本节最后，我们将为你提供足够的证据来证明她是错的，这样你就能安心享受自己的休闲时光了。

你为什么需要属于自己的时间？

互联网上充斥着关于如何拥有高质量的属于自己的时间的建议，那么"属于自己的时间"到底是什么意思呢？它是指你花在自己身上的时间，在这段时间里，你可以做一些对自己有益、让自己感到快乐的事情，而不必考虑责任。这听起来很简单，做起来却往往困难重重。如今，不只是我们这些妈妈，很多人都很难将精力集中在自己身上，很难将他人的期望和诸多待办事项暂时放下。因为这个注重结果的社会告诉我们，我们的一切行为都应该有所回报。因此，放松、愉悦、自我关爱和减压不会被计算在内，尽管它们实际上更有价值。

享受属于自己的时间是自我关爱的一部分

很多妈妈都忽视了自我关爱，但它却非常重要。"自我关爱"可以理解为：认识到并认真对待自己的需求和感受，照顾好自己的身体和心灵。只有照顾好自己的人，才有足够的力量去（快乐地）照顾好他人。我们基本上都明白并且感受到了这一点，但往往没有付诸实践。这是为什么呢？因为我们没有时间照顾自己，因为我们总觉得自己要对孩子负责，而且常常发现自己很难从育儿工作中抽身。尽快享受属于自己的时间才能让我们有机会照顾好自己！

　　舆观（YouGov）是英国的一家市场调查和舆论研究公司，它的一项调查显示，近40%的德国成年人每天可自由支配的时间不足45分钟。连一个小时都不到！5%的人甚至表示，在过去的3个月中，他们平均每周都没有或只有不到一小时的属于自己的时间！你的情况如何呢？请在脑海里好好计算一下吧。简单的数字有时会令人震惊。至于调查对象被自责困扰的频率，我们不得而知，但我们猜测自责会很频繁地出现，或者已经妨碍了他们享受属于自己的时间。我们要强调，享受属于自己的时间是如此的重要，因为它能：

- 使你快乐。

- 给你"充电"，使你恢复体力。

- 让你更爱自己。

- 让你的身心得到休息。

- 为你的兴趣爱好创造空间。

- 增强你的复原力（韧性）。

- 让你更能抵抗压力和更有耐心。

- 减轻你的压力。

- 让你拥有更多的社交机会。

- 提高你的自我价值感。

- 促使你反思。

- 让你成为孩子的榜样。

综上所述，它能很好地防止人们对某些事情感到厌倦。

定期安排属于自己的时间

这就引出了经常被人们忽视的一点：享受属于自己的时间（更）能起到积极作用的前提是你本身状态就很好。也就是说，如果你在身心疲惫到超出自己极限、精力完全耗尽时才休息，可能为时已晚。即便如此，休息一下也是很重要的。因此，请时刻关注自己的需求，照顾好自己，把自己放在第一位，重视自己的感受。请定期安排休息时间（如记录在日历中），同时请不要为此自责。

争取属于自己的时间

你的身心健康对你自己和孩子都很重要。只有休息得足够好，你才能应对紧张的日常生活。

你有权享受属于自己的时间

在怀孕期间你并没有和谁签订什么合同，规定孩子出生后你就不能再休息，也没有规定其他人的需求都要优先于你的需求。但是小评的做法有时确实会让你觉得如此。休息是最基本的需求，任何人的这一需求都应该无条件地得到满足。很多妈妈都会这样想：**"只要我打扫完浴室、买完东西、把孩子接回来，我就能休息5分钟。"** 不，恰恰相反。多给自己一些休息时间，这样你才能更冷静地处理上述任务。然而，要摆脱这种错误的观念并不容易。

因此，我们在这里要再次请你纠正以下错误观念。

"我必须做些什么才能争取到休息的时间。"

相反，你的口头禅应该是：

"我要把时间花在自己身上。"

必要时把它写下来，贴在镜子或冰箱上，或是放在钱包里，这样你就能永远记住它。

你自己拥有优先权

保持自己的身心健康是你的首要任务，但很多时候你并不这么认为。通常你的想法可能是："作为妈妈，我需要对孩子甚至伴侣、家庭和周围的一切负责，而且必须做到'忘我'。"面对嗷嗷待哺的新生儿，你的某些娱乐活动肯定要往后放一放，但首先你得吃饱喝足啊。完全不顾自己，总是把自己的需求放在第二位是不健康的。但不幸的是，这往往是我们每天都要面对的、所谓"完美妈妈"的一部分。

你不必放弃自己的权利

在自己身上花时间往往会让你自责。小评最爱说的就是："**好妈妈应该 / 必须……**"这样的说法对你并没有什么好处，却是小评的最爱。事实上，当你关爱自己，做一些对自己有益的事情时，没有人会因此而自责。但在生活中，你接收了各种各样的信息，从而认为女性，尤其是妈妈，没有关心自己的权利，必须数年甚至永远把自己的需求放在次要位置上。有趣的是，很多年轻女性会自觉或不自觉地接受这样的观念。通常在男性身上，健康的利己主义更容易得到认可。为自己的利益挺身而出这样的行为在男性身上会被视为一种优势，在女性身上却很容易受到谴责。请摆脱这种观念！当你知道那些不合理的要求来自哪里时，你就更容易摆脱它们。

你不需要为了满足伴侣的休闲需求而牺牲自己

让工作忙碌的伴侣照看孩子可能是你经常对伴侣心怀愧疚的原因。当你这么做时，小评会马上埋怨你："**他整天都在工作，现在你还要求他照顾孩子，来给你创造属于自己的时间。**"是的，你的伴侣确实也需要放松和休息，但这并不意味着要牺牲你的休息时间。你们当然应该确保两个人都有休息时间，但并不是平均分配，而是要公平！每个人的需求是不同的，有些人需要的休息时间较长，有些人则只需要休息一会儿就够了。同时也要看具体情况。比方说，如果你家孩子现在两岁，他总喜欢用头撞墙，那他就特别需要家长的看护。那么，与整天上班的人相比，这个看护者可能需要更多的时间来休息。同理，如果你们中一方工作中正好有一个大项目，那么负责这个项目的一方就需要更多的休息时间。小友要提醒你，你们要共同承担育儿的责任，也要对自己负责。同时你们要根据你们的总体需求和当前的具体需求，调整休息时间的分配。如果你们仍然觉得自己的时间不够用，那么就尽可能地寻求他人的帮助，比如，把孩子送到托育机构，找家政服务人员帮忙做家务等。

一般来说，没做完家务也没关系，只要你好好的就行！没有打扫干净的房子固然不美观，但这不是什么严重的问题。可是，要是你累倒了，问题就严重了。

你就是你，而不是"其他人"

你是不是有时觉得，似乎想要休息的只有你自己，其他妈妈都是面带微笑、轻松地完成照顾孩子的任务，并且完全不需要属于自己的时间？与他人比较是没有意义的，因为正如上文所说，每个人的需求是不同的，可能有的妈妈即使没有属于自己的时间也会感到非常放松，且精神焕发。但这样的妈妈少之又少。何况，她们中的大多数人只是没说而已——她们不会告诉你，其实她们早上看了一个小时的电视，并没有洗衣服；或是觉得洗衣服比躺在沙发上看电视糟糕多了。她们也很难听从小友的建议，而是努力地去满足其他人的那些本身就不合理的期待。为什么会这样？我们一起来改变这种状况吧。请拉起一条写着"属于自己的时间"的横幅，告诉所有人："我正在休息！"

你有自己的休息时间，孩子也会从中受益

小评可能会问："那可怜的孩子该怎么办？这样一来，他不就必须和妈妈分开了吗？"答案很简单：没有哪个孩子会从一个精疲力竭、不开心的妈妈那里受得到好处。因为妈妈在精力耗尽时就会失去耐心，而没有耐心的妈妈就可能会对孩子吼叫。只要孩子在你休息的时候被其他人照顾得很好，他就会和你一样从中受益。

安排好休息时间

你是不是已经用上面的理由安抚了小评，并准备好享受属于自己的时间了？那就开始吧！不要焦虑你该做些什么！有的妈妈每年需要一个星期的假期，而有的妈妈只要每天安静地享用一顿早餐就足够了。人们对休息时间的安排就像人们的需求一样各不相同。有的妈妈喜欢独处，不想见任何人，有的妈妈则喜欢和朋友聚会，还有的妈妈喜欢在这段时间做运动。只要你喜欢，无论是无所事事还是去跳伞，都是可以的。

🖊 说出你的愿望

你可能很难将自己的愿望付诸实践，这不仅仅是因为自责，也可能是因为害怕自己缺乏决心。这就是为什么我们要鼓励你大胆说出自己的愿望！

拿出一张纸和一支笔，花点时间写下你期待如何度过属于自己

的时间。你也可以在手机备忘录或笔记本上记下一些想法。请认真思考一下自己想做什么。**给自己写一份愿望清单**！

　　这项练习的目的不是让你更加清晰地认识自己的局限性，从而感到沮丧。相反，它鼓励你质疑这种局限性是否真的那么难以克服。

　　你想出去过个周末，却认为你的丈夫会反对？不如直接问问他吧！你暂时找不到合适的托育机构？不如鼓起勇气问问孩子的爷爷奶奶，看看他们是否愿意在周末照看孩子。他们可能会拒绝你，但至少你已经试过了。你往往比自己想象的更接近自己的愿望，只是需要鼓起勇气说出来。

　　请记住，即使你并没有觉得自己负担过重，也要定期给自己一点休息时间。最好把这些时间记在日历上，或者至少留出一段属于自己的固定时间。当然，如果出现了可以休息的好机会，或是你意识到自己需要比平时更多的休息时间，也要允许例外发生。重要的是倾听自己内心和身体发出的信号，知道什么时候需要休息。

寻找属于自己的时间

　　你是否正在为如何拥有属于自己的时间而苦恼？欢迎加入我们！安排好属于自己的时间是非常值得的。以下是一些建议。

- ▶ 当孩子由他人照看时，不要只做工作。在这段时间内抽出一些时间做一些自己喜欢做的事情。

- ▶ 有些家庭的做法效果很好：比孩子早起一段时间，在孩子起床前享受属于自己的独处时光，慢悠悠地开始一天的生活。

▶ 如果你的孩子醒得很早，而你又不想在凌晨 4 点起床，那你可以在睡前安排一段属于自己的时间。

▶ 如果孩子已经能够独立玩耍并能很好地表达自己的需求，你就可以尝试让他自己决定睡觉的时间。你会发现，等到孩子上床睡觉，家里的每个人都有了自己的时间。不过我们并不建议在这期间进行一些让人兴奋的娱乐活动。

▶ 在一周中的某一天找人帮忙照看孩子，或者你和伴侣分别照顾孩子一个晚上，给对方一些喘息的空间。

▶ 当孩子长大一些，他们或许可以自己去朋友家玩耍，你就可以趁机休息一下。

▶ 在很多情况下，爷爷奶奶也是愿意照顾孩子的，他们可以照顾一整天甚至好几天。

▶ 与其他家长保持联系，你们可以相互帮助，分工合作，共同照顾孩子。当某个下午别人帮你带着孩子去上游泳课时，你就可以有一两个小时的独处时间。同样，你也可以在某个下午帮别人照顾孩子。

▶ 你或许可以调整托育的时间，这样在下班之后、接孩子之前，你还可以有一些自己的时间，可以安静地享用一顿美食。很多托育机构都会为孩子提供餐食，这样既节省了你的精力，又给你留出了时间。

▶ 你的孩子是不是有一段时间自己玩得很开心、很专注？那就利用这个时间段坐下来喝杯咖啡吧。衣服可以稍后再洗，或是和明天的脏衣服一起洗，家务活可以先放一放。

▶ 与孩子坦诚沟通。慢慢地，你的孩子也会认识到妈妈是需

要休息的，并且他会学着接受这一点，甚至主动为你创造休
息的机会。

有时，如果时间充裕，走出家门也是很好的选择，哪怕只是
散散步。如果你躺在床上，却还是能听到孩子让你的伴侣忙得团
团转或是不停地呼唤你的声音，那么你就很难在不感到自责和不
受打扰的情况下放松下来。适当的距离和换个环境往往会有所
帮助。

实事求是地计算你的休息时间

在谈到休息时间时，会出现一个很大的问题，即我们往往
会自欺欺人，把一些花在并非用来放松的事情上的时间也算作
自己的休息时间，这样的事情如一个人打扫房间，不带孩子一
个人去买东西，等等。是的，在做这些事情时，你也确实在独
处，但事实上你还是在做家务。从原则上来说，休息时间应该
是你只为自己做事的时间。同理，如果为孩子准备生日派对能
给你带来极大的乐趣，同时不会给你带来任何压力，你又不把
它看作是一种义务的话，那么你就可以把它算作休息，虽然它
并不是真正意义上的只为你自己所做的事。因此，请你在这个
问题上实事求是且灵活一些！

你对休息时间的规划不应给自己带来任何压力。你并不需要在

休息时间里安排尽可能丰富且非同寻常的活动，而是要按照自己的意愿度过一段美好的时光。**享受属于自己的时间不是你额外需要履行的一项义务或必须取得的成果。**相反，作为自我关爱的一部分，它应该成为你内化于心的一种态度，陪伴并保护着你。当然，如果你做不到这一点，也不用自责，要对自己宽容一些。没有完全属于自己的时间的生活是不健康的，但是，如果某天或某个星期里出现了一些特殊情况，的确不可能为自己留出这样的时间，你也不必难过。只有当你意识到自己急需休息时间缓冲一下时，才需要尽快寻找解决办法。

小评和小友的对话

小评： 她又躺在沙发上了。衣服还没洗，浴室还没打扫，而且她还得去买东西。

小友： 她现在需要休息和放松，这完全是正常的需求。

小评： 那她应该先做家务，这样才能争取到休息时间。

小友： 休息时间不需要去争取，因为每个人都有关爱自己的权利。

小评： 她不是今天早上才刚洗过澡吗？

小友： 那不是关爱自己，那是她的基本生活需求。

小评： 胡说八道！她该感到庆幸，自己还有时间洗澡。其他妈妈连这都做不到。

小友： 那是其他妈妈的遗憾，她又不是"其他妈妈"。

小评： 没错！她们不像她那么自私，她们都把孩子放在第一位。

小友： 我不知道其他妈妈的具体情况，但如果真是这样的话，那她们的生活就太不健康了。妈妈们应该把自己放在最重要的位置上，只有妈妈开心了，孩子才会幸福。

"救命！我不想总是陪孩子做手工！"

我们在前文中说过，孩子的童年不一定非得被惊天动地的大事填满。然而，"孩子的童年与日常家庭生活密不可分"这句话，也会给很多妈妈带来压力，因为她们认为："如果我们的日常生活是孩子童年的一部分，那么我们每天的生活就必须丰富多彩。"或许你也同意这个观点，毕竟，你希望自己的孩子拥有一个能让他不断回味的美好童年。所以，你可能会要求自己不仅要兼顾工作和生活，还要在这两方面都表现出色，取得非凡的成就，这会给你带来多么大的压力啊。更糟糕的是，在工作和生活中，可能还有一些你根本不喜欢的任务和活动。

好妈妈应该是怎样的？

你的自责源于被夸大的全能妈妈的形象，因为好妈妈或完美妈妈的形象在你的心里已经根深蒂固。这种全能妈妈的形象通过广告、书籍、社交媒体等不断得到强化：好妈妈在工作中表现出色，有爱心和耐心，会做健康可口的饭菜，还会烘焙和准备好零食；好妈妈会在干净整洁、装饰一新的家中唱着歌哄孩子入睡；好妈妈会和孩子一起做手工，或是为孩子制作手工艺品，准备精彩的派对和令人兴奋的寻宝游戏。小友认为，现在是时候打破这种形象了，因为它包含了过高的期望，我们要让这些期望更加符合实际。

✎ 纠正关于好妈妈的错误观点

我们在社交媒体上收集了一些能联想到好妈妈的观点（有些观点可能不适用于你）列在了下面，你可以对其进行纠正：用两条斜杠（//）把句子断开。或者你也可以把这些观点写在纸上，然后把它们撕碎。你可以尝试一下，看看哪种方法更能帮助你摆脱关于好妈妈的设想。

例句：

好妈妈 // 喜欢和她的孩子玩上好几个小时。

现在轮到你了。

▶ 好妈妈会自己做饭，让孩子吃得健康又新鲜。

▶ 好妈妈会做手工。

▶ 好妈妈会给孩子读书。

▶ 好妈妈积极参加幼儿园和学校的活动。

▶ 好妈妈善于安排外出游玩活动。

▶ 好妈妈喜欢户外活动。

▶ 好妈妈喜欢烘焙。

▶ 好妈妈做事很有条理。

▶ 好妈妈对孩子无微不至。

▶ 好妈妈是一位出色的活动组织者。

▶ 好妈妈总是充满耐心和爱心。

▶ 好妈妈善于角色扮演。

▶ 好妈妈擅长讲故事。

▶ 好妈妈会唱歌给孩子听。

▶ 好妈妈会为孩子缝制衣服。

▶ 好妈妈会为孩子举办精彩的生日派对。

▶ 好妈妈会陪孩子上所有的兴趣班。

做一个真实的妈妈

如果你想知道怎样才能成为好妈妈，那么你在上面这份清单中是找不到答案的。心理学和教育学也给不了你想要的答案，因为当你毫无兴致地去完成某件"好妈妈应该做"的事情时，你是没法成为好妈妈的。在忙碌的一天结束之后，你并不会在清单上一个个打钩，看看自己做到了哪些事情。"**今天给孩子读了 15 分钟故事，抱着孩子去树林散步了，烤了一个蛋糕，哄了孩子两次，为孩子预约了医生，还为孩子的生日派对制作了请柬——今天我又是一个伟大的妈妈！**"当你对朋友说这些时，她肯定会印象深刻，而且一定会觉得你是个好妈妈。但你可能会忽略这些事情当中的很多细节，比如你是多么不喜欢待在树林里，或者你有多讨厌制作请柬，以及你可能对在一旁捣乱的孩子发了脾气，却在向他人讲述的时候轻描淡写。

上面的例子很好地说明了我们得出的这个结论：**好妈妈应该是一个真实的、不加掩饰的妈妈。**

● 如果你不费尽心思伪装自己，你就能节省很多精力用来多陪伴孩子。

● 你会更平和、更快乐，因为你就是你自己，而且完全接受这样的自己。

● 你在做真实的自己，是孩子（和其他人）的榜样。

- 你就是你，有自己的优点和缺点。虽然你会犯错，但你会承认错误并承担责任。
- 你有自己坚守的底线，同时也尊重他人的底线。
- 就像接受自己一样，你也会接受孩子的独特性，接受他的优点和缺点。

在这些描述当中，我们完全找不到社交媒体为好妈妈设定的标准。

作为一个妈妈，有多少事是你为了让别人觉得你是一个好妈妈或者为了安抚小评而去做的？你亲自为孩子的生日派对制作请柬，是因为你喜欢做这件事，还是因为你觉得别人希望你这样做，会因此认为你是一个好妈妈？如果你享受做手工的时光，能够从中获得乐趣，并为自己的作品感到自豪，那就太完美了，继续努力吧！你和孩子可能在一起做手工的过程中迸发出了创造力，制作了一些有趣的作品，这对你们来说一定是一段美好的亲子时光！

但是，如果你这样做是为了取悦他人，那我们就要质疑了。试图向别人展示所谓的标准好妈妈的形象，会很快让你的生活不受控制，占用你本可以与孩子和伴侣相处的时间或者你的休息时间。大多数情况下，你的孩子并不会从你制作请柬这件事中有多大的收获。所以，请扪心自问："我花了多少时间和精力在这些表面功夫上？值得吗？如果我不再这样做，而是展现真实的自己，会怎样呢？"这些也是小友会问你的问题。

诚实可以让人卸下包袱

你有没有试过敞开心扉？尝试展示自己的不完美，告诉别人自己最不能忍受的做妈妈的某些方面。放心吧，如果你这样做了，很多人都会如释重负，因为他们会了解到不完美的不只是自己。毕竟，在照顾孩子的过程中，父母有极大的可能遇到自己不喜欢做或不擅长做的事情。

孩子的生活中不是只有你一个人，这多好啊！因为这样一来，就可能有别人喜欢跟孩子一起做那些你不喜欢做的事情。例如，孩子可以在幼儿园里做手工，和爷爷一起去树林里捡石头和树叶。如果你希望孩子有这些经历，或者孩子提出想要跟其他人一起做一些事情，你就可以放心地把他交给其他人来照顾。小友再次提醒你，你不是孩子的唯一责任人，既然如此，你也就不必背负所有的自责，或是独自满足所有人的需求和愿望。这就是所谓的群体的力量。

你为什么不问问孩子的爷爷或其他长辈呢？或许他们很高兴你来寻求他们的帮助，愿意照顾你的孩子。如果你的孩子坚持要和你在一起，那么这可能与做什么无关，而只代表他需要和你共度亲密时光。在这种情况下，你可以和孩子一起做一些能满足他需求的事情。

愿望背后的需求

需求和愿望是有区别的。长远来看，很重要的一点是需求是必须得到满足的，愿望则不然。例如，人们有生理方面的需求，需要氧气、食物、水、睡眠和适宜的温度；也有心理方面的需求，需要亲近感、爱、社会归属感、依恋感以及被认可和被欣赏的感觉。如果这些需求长期被忽视，那么人就会生病。人类并不总是能充分意识到自己的需求是什么并让这些需求得到满足。相反，我们找到了其他满足需求的方式。这通常表现为愿望。一些青少年热切地渴望得到某个品牌的牛仔裤，是因为这个牌子的牛仔裤能让他们融入某个很酷的小圈子，至少他们自己是这么认为的。因此，愿望的背后隐藏着需求（在这个例子中，愿望的背后就是对归属感的需求）。不知你是否意识到，作为妈妈，如果你能发现孩子愿望背后隐藏的需求，或许你就能以不同的方式满足孩子的需求了。

小评和小友的对话

小评：孩子想跟她玩一会儿，她又拒绝了。

小友：孩子想玩角色扮演，但是她真的不喜欢，所以拒绝了。不过这也没什么，她已经给他提供了其他选择，并让他知道妈妈并不是什么都喜欢做。

小评：比如做手工。这是童年不可或缺的一部分。

小友：陶冶情操的方式又不是只有做手工。而且孩子可以在幼儿园里做手工，或者和爷爷一起做，爷爷很喜欢做手工。

小评：尽管如此，她还是应该为了孩子尝试一下，或者至少假装喜欢。

小友：这样的话，孩子能从中学到什么？学会伪装自己吗？当然，她偶尔也会做一些她不喜欢的事，但并不总是这样。

小评：但她几乎没为孩子做什么事。她给孩子准备的生日派对也没什么特别的。

小友：她又不是专业的活动策划者！再说了，孩子和他的小伙伴们玩得很开心。她已经为孩子做了很多事，与孩子共同度过了许多美好的时光。她还喜欢给孩子读书。孩子自己也能够尝试发挥创造力，找到自己想做的事。

小评：她不是一个称职的妈妈！

小友：她是一个真实的妈妈！

第四章 **4**

教　育

Täglich

gri

das So

G

在养育孩子的道路上，你将不得不面对来自他人的各种各样的建议和期望，以及数不清的育儿指南、咨询和课程，并从中获取大量信息。但是，很多信息往往是相互矛盾的，有些甚至是过时的。因此，不管你如何教育孩子，小评总是能找到攻击你的机会。我们希望改变这种状况。

你是否遇到过以下几种情况？邻居摸了摸你家宝宝冰凉的小手，对你说："这可怜的孩子都快冻僵了。"你婆婆认为哭有助于增强孩子的肺活量，并且告诉你她在你的伴侣6个月大的时候就喂他土豆泥吃了，也没有什么不妥；她还认为男宝宝不应该和妈妈睡一张床，否则他就会变成"妈宝男"。同时，你的闺密告诉你，她现在压根儿都不再教育孩子了，她称之为"躺平式养育"。但同时你发现，一个和你一块儿上婴儿按摩课的妈妈制订了一套包含上什么早教课到读什么幼儿园和学校的完整的教育计划。你是不是已经晕头转向了？当然，这完全可以理解。我们可以斩钉截铁地向你保证一件事：在教育孩子这件事上，你怎么做都会出错。当然也总会有人批评和抱怨你，或者干脆向你展示她们不同的教育方式，小评也因此总会有抱怨你的新素材。

很多父母，也许也包括你，想在教育子女方面采用新的方式，因为他们自己已经亲身感受过上一代人的教育方式所带来的负面影响。

"救命！我把孩子宠坏了？"

最新研究表明，以需求为导向的教育方式对孩子最为有益，因为它摒弃了老旧的教育观念，能增强孩子的自我意识和独立性，降低孩子患心理疾病的风险。

⚙ 在教养中，如何做到以需求为导向？

如果你想采取以需求为导向的教育方式，那么了解以下几点将对你有所帮助。

▶ 对孩子的需求保持敏感，接纳他的一切，与他坦诚沟通。

▶ 告诉孩子你的底线，平等地与他讨论，并向他说明理由。

▶ 给予孩子充分的自我发展空间。

▶ 以需求为导向来制订和实施教养规则。当然，在孩子感觉不舒服或某些需求特别迫切时，你可以对规则进行调整或允许例外情况的出现。

▶ 所有家庭成员的需求都很重要，包括你自己的需求。

▶ 在保证安全（这是最重要的）与培养孩子的自我意识（辅助因素）之间寻求平衡。

以需求为导向的教育方式

以需求为导向的陪伴并不是让你列出一张任务清单，做完一件事就在上面打钩。它包含但不限于以下几方面。

● 频繁地与孩子进行肌肤接触。

● 抱孩子。

● 一家人同睡。

● 母乳喂养。

……

以需求为导向的教育重视包括孩子在内的所有家庭成员的

需求。及时且适当地满足孩子的需求，对孩子建立安全感非常重要。在此基础上，孩子才能勇敢地去探索世界。能敏锐地感知到孩子需求的父母可以帮助孩子平衡安全和自我意识方面的需求，调节不良情绪，并让他学会延迟满足，以便在某些情况下为其他家庭成员的需求留出空间。

正因为是以需求为导向的，这种教育或陪伴方式并没有硬性规定，也没有明确的对错之分。虽然每个人都有最基础的心理需求，但不同的人满足需求的迫切程度不同。对需求的渴望因人而异。例如，父母的工作决策就是在权衡个体需求及其紧迫性，然后找到一个能尽量兼顾所有家庭成员的方法后做出的，这种方法可能与其他家庭的不同。

使用哪种教育方式通常不是一个有意识的决定，因为很少有人会仔细审视自己的教育态度及其影响。你的教育方式是多种因素的产物，可能的因素包括：

● 你自己受教育的方式和受到的社会影响。

● 你所处的环境。

● 你所受的教育。

● 你的社会经济地位，即你的生活状态。

即使你有意识地选择了一种教育方式，你也很难摆脱家庭或社会环境在自己身上留下的烙印，尤其是在缺乏榜样的情况下。

下面，我们来看看小评以及她的支持者会在哪些方面对我们吹毛求疵吧。

　　让我们从最常见的攻击开始吧：溺爱孩子。很多父母都担心因过多地满足孩子的需求而把孩子宠坏，比如给孩子过多的糖果或玩具，尤其是给予孩子过多的情感上的关注。这种担忧植根于我们内心深处，从而决定了我们的思想、反应和教育观念。这种担忧在我们的祖辈和父辈身上更为根深蒂固，他们甚至认为"溺爱"是一个贬义词。你可能听到过这样的说法："你必须让孩子坚强起来，让他们为生活中的困难做好准备。"这种观点深深地影响着为人父母者。因此，你的父母可能非常了解那些（错误的！）说法，他们会告诫你溺爱孩子意味着什么，以及溺爱孩子会给孩子造成多大的伤害，而这些伤害是父母无法承受的。但小友认为，你不应该为此自责，因为你并不是唯一的责任人。

　　小评会用你祖母的口吻对你说，如果再这样下去，你就会养育出一个无法无天的"小魔王"！你心里想着"真是胡说八道"，然后继续充满爱意、无微不至地照顾孩子。直到有一天，孩子进入了自我意识强烈的成长阶段，因为你不满足他乱买零食的无理要求而躺在超市的地上耍赖。这时你会问自己："这到底是怎么回事？是因为我不够严厉，给他定的规矩太少吗？"于是，你在给孩子买各种零食的同时，也开始自责。

　　你的曾祖父可能也会批评你几句："**这样一个娇生惯养的孩子，在我们那个困难的年代会生活得很艰难！他必须明白，他不可能想要什么就有什么！**"这是真的吗？你的孩子会因为你与他建立了良好的亲子关系、不惩罚他、对他不严厉、不给他立规矩而难以生存吗？尤其是这种亲密的亲子关系建立在理解、接纳和合作的基础之上？不，不会的，他的生活反而会因此更加轻松。研究表明，在没有恐惧的环境中长大的孩子更坚强、更自信，情绪更稳定，身体也更健康。

我们很难将那种老旧的教育观念归咎于祖辈和父辈，因为当时的专家写了很多书，告诉大家溺爱和娇惯会产生很多不良影响，要坚决避免。还有一些书是关于睡眠训练、父母与孩子的"权力之争"以及无法无天的"小魔王"的。这样的书不胜枚举，令人痛心。**这些书对我们的祖辈和父辈产生了深远的影响。**过了这么多年，它们在我们身上留下的烙印依然清晰，而我们今天正试图从这种影响中解脱出来。你肯定也经常从自己尊敬的人那里听到这样的言论，你会感到疑惑，因为你认为他们说得不对。没关系，这没什么奇怪的，因为说到孩子的需求，你才是真正的专家，因为你最了解他，知道他需要什么。

不信任孩子才会宠坏他

你不会因为给予孩子太多的爱而宠坏他，却会因为用不健康的方式过度保护孩子，或者简单地满足他的物质需求而宠坏他。这样做是有问题的，因为这表明你并不信任他，想为他解决所有的问题，扫除前进道路上的一切障碍。或者你担心因为对孩子说"不"而产生亲子冲突，从而总想着用给他花钱的方式来满足他。究其原因可能是你没有足够的信心，无法处理孩子的不良情绪，很难帮助他规范自己的行为，或者你不相信孩子能够自己处理或者会学着处理这些不良情绪。过度保护孩子可能产生的后果就是让孩子缺乏自信心和勇气。相反，如果你不断地给孩子提供承担家庭责任的机会，他就会产生责任感。物质上的溺爱可能会导致孩子日后形成不良的消费习惯，同时也会让他难以用健康的方式调节自己的情绪。如果你在这一点上感到自责，那么这就是一个信号，警告你需要重新思考自己的行为。不过，我们的经验表明，如果你已经意识到自己在过度保护孩子，那么你很快就会走上信任孩子的道路。

摒弃那些过时的观念

在以需求为导向的陪伴中，有一些反复出现的观念会让你感到不安。渐渐地，它们会对你的态度、反应以及你与孩子的关系产生负面影响。请想象一下，你正在看一段视频，讲的是一位女士在林荫道上慢跑，背景音乐很欢快，画面看起来令人愉悦。现在再想象一下，在场景不变的情况下，背景音乐换了，这次是阴森恐怖的，就像恐怖片里的那样。于是，与之前完全相同的场景突然间变得非常有压迫感，给人的印象是这位女士在逃跑，而不是在慢跑。这个例子表明，背景会影响我们对情境的解读。

如果你的脑海中只有关于孩子的贬义词，你又如何能改变对孩子的想法、感受或需求的看法呢？有时这会让你感到不安，甚至你自己也会受到很大的影响，但这并不是你的错。你所处的环境、你的童年生活和你的社会关系影响着你的认知。你可以积极地消除这种影响，始终认为孩子的行为动机是好的，而不是存心和你对着干。当孩子还小的时候，他的绝大多数行为都是为了**满足自己的需求**，而不是为了**与你作对**。因此，当你不确定孩子的具体动机时，请把孩子往好的地方想。下面，我们将探讨几个错误观念。

"不要总是马上回应他，让他哭一哭！"

如果你对哭闹的孩子迅速做出回应，就会不被别人理解甚至遭到批评，从而让你自责。这还是过去的育儿观念造成的。当时的父母担心孩子会通过哭闹来"操纵"他们，因为父母必须在亲子关系中掌握"权力"。因此，按照这个逻辑，你迅速满足孩子需求的行为就会让孩子"蹬鼻子上脸"、不听话、不愿意沟通。现在我们已经知道，孩子不能操纵我们，至少不是这里所说的消极意义上的操纵。

孩子从什么时候开始可以操纵别人？

"操纵"的意思是通过有意识地影响，引导、迫使某人或某事朝某个方向发展。如果采用这个中性的定义，那么孩子在婴儿时期就可以做到这一点了。他们会利用哭闹、尖叫、挥舞手臂等来引起你的注意，从而确保自己的需求得到满足。如果你对婴儿发出的声音迅速做出回应，那么他就知道可以用这些声音找到你。这些都是最基本的交流方式，能确保孩子的生存。

你可靠的回应会让孩子知道："我可以造成一些影响。"这样你和孩子就建立了可靠的亲子关系。

长期以来人们都认为，一定不能让自己受到孩子的影响，也不应该促使孩子去关注他自己的需求。然而，对关注的渴望（尤其是在孩子确实有需求想得到满足时）绝不应当受到谴责。如果这种渴望来自你的伴侣，你可能不会拒绝。

婴儿还不具备操纵他人情绪所需要的认知能力，在挑衅这件事上也一样。（有一个令人震惊的事实是，幼童在被抓到干坏事或挨骂时，经常会咧嘴一笑，这其实是一种自古以来就存在的自我安抚方式，并非挑衅！但现如今，父母似乎很难带着善意理解孩子这样的笑了。）操纵他人情绪的前提是具备移情能力，也就是说，你的孩子能够意识到不同的人有不同的感受，能够站在他人的角度考虑问题。这种移情能力在孩子 4~6 岁时才能得到充分发展。

因此，用你的方法养育出的实际上并不是一个叛逆的孩子，而是一个知道自己能有所作为并有安全感的孩子。下次，如果小评因为你的孩子大声表达自己的意愿而嘲笑你，请告诉她这一点。并且还要告诉她，亲密的亲子关系还能促进孩子在很多其他方面的积极发展。

"孩子只是想得到关注！"

父母通常不会完全满足孩子希望得到关注的需求，这可能是因为人们担心孩子以后会以自我为中心，总是寻求他人的关注、认可和赞赏。"看，妈妈！""看我，爸爸！"——人们常常认为这是孩子在寻求关注，但实际上，孩子是希望通过这种方式与父母建立情感联系，而不是希望得到表扬或认可。不过，我们必须坦率地说，如果孩子发现只有通过这种方式才能得到关注，这种对情感联系的渴求日后就会变成对表扬的渴求。因为在繁忙的日常生活中，我们对孩子的情感需求做出的回应往往是敷衍的。例如，我们可能嘴里说着**"是的，是的，真棒……"**，却没有停下手中的事情，真正与孩子进行沟通。究其原因，并不是因为我们不想与孩子沟通，而是因为作为妈妈，我们的生活中有太多事情需要处理，千头万绪。

压力和紧迫的时间是建立情感联系的杀手，也是亲子关系的杀手。不过，出现这种矛盾也不是你的错，它的根源在于整个社会，并且改变这种情况的过程是极其缓慢的。

谨慎地表扬

如果你并不满足于上文中提到**"是的，是的，真棒……"**这种敷衍的表扬，那么你可以尝试改变自己的表扬方式，措辞需谨慎，并根据具体情况进行表扬。你的孩子迈出了人生的第一步？请尽情欢呼和赞美吧，用你喜欢的方式表达你的感受。你在孩子画的第一百幅涂鸦画上根本没看出他画的是什么？如果你真的不觉得他画得好，那就不要虚情假意地赞美，而要描述你所看到的，或者让他描述给你听。客观地描述是谨慎措辞的关键。要说**"我看到你是自己爬上来的"**而不要说**"哇，干得好"**，这两者还是有细微差别的。

"孩子需要知道限制的存在！"

有很多关于孩子需要知道什么的说法。例如，他们需要知道规则、仪式、条理、确定感等是什么。这些说法都有一定的道理，但通常不是你身边的人或你内心的批评者——小评所理解的那样。你可以无限制地爱孩子，但不能让他为所欲为。**限制无处不在，我们**

的生活中存在各种天然的限制。对孩子来说，有些是自身的限制，比如，有些事情孩子还不会做，必须先去学；有些是来自他人的限制，比如妈妈的底线。此外，孩子还会受到礼仪规则（有时也会被质疑）和法律等的限制。无论我们是否需要，所有的这些限制都存在。你的孩子必须学习如何面对这些限制，包括他自身的限制。他需要你为他树立榜样。你得告诉他如何确定自己的界限，如何说"不"。关键是这些都是真实存在的界限，而不是随意设定的，并且界限一旦设定就必须遵守。作为妈妈，你要认识到什么时候需要调整或放弃相应的限制，因为它们可能不再和孩子的年龄相适应。有了孩子后，你的生活总是在不断变化，你制订的规则也要相应地发生变化。随着孩子逐渐长大，你最关注的将不再是限制，而是爱、尊重和安全感等情感因素。

"孩子必须经历这些，因为以后可没有人像父母一样为他准备好一切！"

"如果孩子很早就知道自己不可能拥有一切，必须通过奋斗才能得到，或是自己必须独自克服困难，那么他以后才能过得轻松一些，也就不会被残酷的现实所鞭笞。"这种说法是错误的！你最好马上忘掉它！

当然，这种说法的出发点是好的，因为你的孩子确实应该为生活做好准备。但研究表明，事实恰恰相反！你希望孩子具备的是抗压能力——你可以回顾"救命！我生病了！"（见第 74 页）这部分，它讲到了如何提高孩子的抗压能力——而让孩子过早地在没有帮助的情况下独自克服困难，并不是个好办法，结果往往会适得其反。

在集体中或与他人一同克服困难、解决问题，对孩子有诸多裨益。

更重要的是，你的孩子在这个过程中就已经具备了**基本的抗压能力**，这得益于他与生俱来的某种特质和能力。例如，性格开朗、善于交际的孩子能更快地交到朋友，从而让他在遇到困难时得到援手。如果孩子具备了这项基本能力，你就不必把所有的事情都做对。就算有时候你对孩子的反应有些过激，责骂了他或给他施加了压力，又或是你自己因为压力、紧张和外界环境的影响而犯了错误，导致和孩子的相处没有想象中那么和谐，孩子也不会崩溃。

小评和小友的对话

小评：她对孩子的照顾可真是"无微不至"啊。

小友：当然，她是真的很爱她的孩子。

小评：你知道我不是这个意思！

小友：如果你指的是孩子一哭她就马上做出回应的话，那就是因为她很爱孩子啊。你说的没错，她照顾得无微不至，但这是有原因的。

小评：哦？是什么原因呢？

小友：她认为最重要的是她的孩子能够信任妈妈，安心享受妈妈的照顾，这有助于孩子建立安全感。安全感是人类最基本的心理需求之一，这种安全感会伴随他终身。

小评：听起来倒是没错。

小友：就这样？

小评：是的。你要觉得自己是对的，那你就是对的。

"救命！我总是忍不住骂孩子！"

好吧，这的确很棘手。在这个问题上存在两种妈妈：一种是在大声训斥、威胁或惩罚孩子后感到自责；另一种是（尚且）没有认真思考过自己责骂和惩罚孩子的问题，也没有质疑过，或者只在有限的范围内质疑过自己的这种行为。如果你属于第二种情况，那么下面的内容可能会让你感到自责，因为它们会告诉你这些行为的暴力程度。但这并不是我们的目的。我们希望在养育孩子的路上陪伴你，让你不要有负罪感。正因如此，你更需要了解一些事实。

在你和你父母的成长过程中被认为相对正常的那些行为，比如体罚（打屁股、扇耳光或其他一些更过激的举动）孩子，让他在恐惧中长大，对孩子进行言语羞辱，以及许多其他形式的行为，现在都被归为暴力。其中，体罚是一种身体暴力，言语羞辱是一种心理暴力。事实证明，"揍孩子一顿不会对他造成什么伤害"这种观点是完全错误的，但直至 2020 年，每两个人中就有一个人仍然持有这种观点。心理暴力的问题尤其需要得到重视，这就是我们现在开展科普工作的原因。让我们把这些观点告诉更多的人吧！

非暴力教育

人们将儿童接受非暴力教育的权利写进了法律。例如，《德国民法典》第 1631 条规定："儿童有接受非暴力教育的权利。不允许存在体罚、精神伤害和其他有辱人格的行为。"

相信大家都能理解"体罚"，但说到"精神伤害"，人们对它的理解和认识却千差万别。我们总结了心理暴力的几个要点：

- 用恐吓的语言和谎言教育孩子。
- 没有真正爱孩子的表现，忽视孩子。
- 直接或间接地对孩子进行言语羞辱。
- 歧视孩子，奉行成人主义（对比自己年纪小的人有偏见，并以此作为无视他们意见和想法的理由）。
- 否认孩子的看法、需求和感受。
- 让孩子与特定的家人、朋友、社会团体等划清界限。
- 监视孩子，侵犯孩子的隐私。
- 过度保护和控制孩子。

当然，重要的是要判断有些行为究竟是不是暴力行为，从而不惜一切代价避免这些行为，而保留正确的行为。例如，设定底线和让孩子经历冲突，就是正确的行为。**给孩子设定底线是必要的，但也要用正确的方法来设定底线，这一点很重要。**此外，孩子在冲突中能够学到宝贵的经验，不应回避冲突。

愿景：非暴力教育

我们认为，目前要做到完全没有暴力地教育孩子是非常困难甚至是不可能的。这是一个值得为之奋斗的愿景，而且很多人已经走上了这条正确的道路。但是，推行绝对的非暴力教育的条件尚不成熟。因此，如果你现在责备自己没有达到这个愿景，那么请你放宽心，因为这不是你的错。我们敢肯定，你自己也不是在完全没有暴力的环境中长大的。你在成长的过程中也承受了压力，恐吓也是你的父母或老师教育你的一种手段，因此没有任何榜样能够教你如何以非暴力的方式教育你的孩子。

除了缺乏榜样，你所处的环境也缺乏对非暴力教育的支持。我们中的很多人还不清楚真正的非暴力是什么样的，以及该如何去实践它，因为人们往往缺乏这方面的知识。这就是为什么我们会看到一些父母不假思索地告诉自己的孩子，如果他不听话，就把他扔在超市里。人们还经常要求孩子在拒绝食物之前至少要尝一尝，从来没有人觉得这种做法有什么不妥。这种要求在许多托育机构里仍然司空见惯。然而，遗憾的是，很少有人意识到暴力的表现是多种多样的。重点是我们应该如何避免暴力以及找到替代暴力的方法。

也许当你看到文中提到的某些行为居然被定义为"暴力"时会感到非常惊讶，因为你曾经就这样做过，因此你现在会感到不安。但是，我们要告诉你的是：不仅对你，对整个社会来说，实现非暴力教育还有很长的路要走。万事开头难。现在正处于变革期，人们还在学习这方面的知识。你无法改变已经发生的事情，但你可以在未来的生活中运用这些知识。

善于利用你内心的批评者

这本书的大部分内容都旨在让小评保持沉默，或者说服她不必如此挑剔。不过，在非暴力教育这一点上，我们倒是鼓励你把她看作导师。认真倾听小评的批评意见，因为她能以特别敏锐的眼光发现你与目标之间的差距。她可以帮助你找出亲子关系中的绊脚石，并告诉你可以做出哪些调整来让家庭氛围变得更加和谐。与其屏蔽她的批评，不如与她进行对话，相信在这个过程中，你会有所成长。

你和其他的家庭成员都会犯错，因此你们必须调整自己的行为和态度，不断学习新东西。小评会告诉你在哪些方面有必要这样做。

做到完美是不可能也没有必要的，因为客观条件，尤其是来自各方面的压力让你采用了自己实际上并不认同的育儿方法，何况你还缺乏榜样和支持者。此外，孩子经历的所有事情，比如是否感受到被尊重、被关注和被爱等，都影响着他们的成长。

做到这几点，你和孩子就能和平相处

我们知道，当你处于压力之下时，你可能会缺乏耐心，忽视以增进亲子关系为目的的陪伴，从而采用其他的（有时是更严厉的）方法。为此，我们有以下几点建议，帮助你采用一些更温和且不会令你自责的方法与孩子和平相处。

首先，你需要给自己减压。 生活带给你的压力，比如时间紧张、需要做的事情太多、肩上的担子过重以及没完没了的待办事项，都是亲子关系的毒药。每次在"是我还是孩子优先"的问题上，你都会做出孩子优先的决定，而你的需求则被排在了最后。如果你的需求和底线一再被忽视，那么到了某个时刻，你的愤怒一定会跳出来寻找存在感。与其自责，你更应该把愤怒看作是需要改变的信号，即你需要减轻自己的压力，对自己多一些关爱。

　　其次，你可以找出是什么触发了自己强烈的情绪，即找到情绪
触发因素。其中一些触发因素源自你的童年，也就是说在产生强烈
情绪的那一刻，你面对的是自己内心里住着的那个小孩。这种自我
的"分身"（比如你内心的小孩或你内心的批评者）是一种心理工
具，能够让你更好地处理眼前的情况，即让你能够理解、认识甚至
治愈自己的创伤，看清并改变自己的观念。

✏ 寻找情绪触发因素

　　情绪触发因素通常是一些令人不悦的比较小的刺激，它们会让
你的情绪反应过激。事后回想起来，你会为自己的反应不当而后
悔。这些刺激会让你想起埋藏在你记忆深处的痛苦经历。要找到这
些刺激，你可以问问自己："我为什么要发火？""什么事情惹到我
了？"如果你发现自己的情绪与当时的情境不符，或者反应过激，
那么当时的情境很可能就是一个能触发你伤痛的情境。

　　现在，你需要对这一情境进行分析，写愤怒日记是个不错的方
法。在一天结束时，请简要记录当天的情况，尤其是你在这一天中
的感受，并问问自己对这种感受是否熟悉，以及它是否让你想起了
什么，比如一段童年的回忆或是不久前发生的某件事情。请注意自
己的生理反应。你是否握紧了拳头？或是咬紧了牙关？这将有助于
你更好地了解自己的情绪和情绪触发因素，让你在日后能尽早地识
别它们。

　　顺便提一下，这种方法也是发现被忽视的需求和被触碰的底线
的好方法。

再次，你可以寻求帮助，以此来解决你在工作和养育孩子的过程中遇到的问题，以及你过去或现在面临的其他问题。肯定有人可以为你提供这样的帮助，你完全可以接受帮助，并且这么做是很明智的！如果你为了全家人的需求而积极主动地寻求帮助，小评也不会有什么抱怨。

最后，关注自己的生理周期，为出现经前期综合征时的情绪波动做好准备，也让自己多多休息。如果你能给家人一些提示就更好了。

例如，你因为4岁的孩子尿床（刺激）而大发雷霆（反应）。理智告诉你，孩子在这个年龄做出这种事情是正常的，你完全没有理由生气。然而，这种刺激会引发你对过去所受伤害（也许你小时候曾因尿床而受到过严厉的惩罚）的回忆，尽管这种回忆与现在发生的尿床事件完全没有关系。虽然孩子尿床这件事并不是你生气的真正原因，但你还是会对它做出异常激烈的反应。

童年让人印象深刻。你的大部分价值观、愿望、观念和深藏于内心的伤害都是在童年形成的。当你成为妈妈后，你就会以一种特殊的方式来面对自己的童年，这是一个自然而然的过程。突然间，压抑已久的情感会浮现出来，等着被你释放，被你看见，甚至是被你治愈。你的伴侣甚至是孩子的行为，就会成为你暴风骤雨般情绪的导火索，但它们其实并不是根本原因。你的怒火引发了一场情感的时间之旅，让你回到自己幼小且脆弱的时候，那时的你依赖于大人和强者。或者你因为某个触发因素回想到发生在自己身上的某个创伤性事件，让你感到无助和绝望。你很难控制这种反应。你越是难以区分成年时的感受和孩童时受到的伤害，你就越需要把自己的思绪拉回现实当中，努力停止情绪上的过激反应。如果你持续存在难以控制怒火的问题，一定要寻求专业人士的帮助。

🔧 把思绪拉回当下

关于如何把自己的思绪拉回当下，以下几种方法已被证实是有效的，可供你参考。

▶ 闻一闻有刺激性或浓烈的气味（比如你随身携带的精油）。

▶ 列出你此时此地看到、听到和感觉到的事物，因为我们的大脑在处理3种以上的感官提供的信息时，就无暇追思过往、浮想未来了。

▶ 倒着背出自己的电话号码。

▶ 弄出响声，如拍手或跺脚。

▶ 喝冷水或将冷水拍在脸上。

▶ 按摩拇指根部或交叉手指，因为大脑在感知到身体的存在时能更好地思考。

当然，你可能需要先尝试一下，看看哪些方法适合你。运气好的话，这项练习在90秒内就能让你的压力反应消退。接着，你可以深呼吸几次，然后你就可以头脑清醒地对身边人的行为做出恰当的反应了。

承担责任

你想情绪平稳地养育孩子，但是，无论你付出怎样的努力，你都不能保证自己不会对孩子大声吼叫。这很正常，因为没有人是完美的。你会犯错，会说伤人的话，而且不能时时刻刻百分之百地控制自己。情急之下，你可能会把责任推到孩子身上，让他觉得要为你的负面情绪负责，不得不背负不属于他的负担。

事后产生愧疚感是合情合理的，因为它让你明白自己犯了错，需要做出补救。在这种情况下，小评破天荒地对了一次：你必须承担责任，因为你是成年人，是妈妈。但是，如果你因此而一直责备自己，觉得自己是个很糟糕的人，觉得孩子会一直怨恨你，那就没有道理了。请同情一下自己吧，不要对自己太苛刻。人都会犯错。成年人要为自己的错误道歉并从中吸取教训。像小友对待你一样对待自己吧！

正确地道歉

当你为自己的不当行为向孩子道歉时，要采用适合孩子年龄的方式并体现出诚意。请向他解释你为什么声音那么大、那么无礼或为什么会冤枉他。不要把自己的错误归咎于孩子。请你自己承担全部的责任，可能的话，向他描述一下你面对繁杂事务时所承受的压力、你的感受或是你自己没有得到满足的需求，告诉他这些事情让你失去了耐心。别担心，你表现出"脆弱"并不会让你丢脸。恰恰相反，你展示的是真实的自己，一个有优缺点和需求的自己。

如果你的孩子已经长大，那么你可以问问他刚才妈妈发火时他有什么感受，怎样才能让他与你重归于好。在这方面，孩子们往往有好的想法和喜欢的策略。如果你的孩子需要时间思考，那就不要着急。你不能指望他马上接受你的道歉。

还要记住，你是孩子的榜样。你的行为会教孩子如何负责任地对待错误以及道歉。他会了解到，没有人是完美的，任何人都会犯错的，并且就算某人犯错了，身边的人依然可以与他保持亲密的关系。这是他人生中非常宝贵的一课。

保护性暴力

在阅读前面的内容时你可能会产生这样一个疑问：是否有必要在某些情况下强迫孩子做某事？或者你可能想到了自己曾经使用暴力的一些情况，并想弄清楚该如何看待这些情况。

暴力有 3 种类型，我们已经介绍了其中两种：**身体暴力和心理暴力**，这两种都与以需求为导向的非暴力教育方式不相符。第三种是**保护性暴力**，当你在紧急情况下必须迅速采取行动保护孩子免受重大伤害的时候，它就可能出现。

你一定有过带年幼的孩子过马路的经历吧？当孩子突然跑开，径直冲上车水马龙的道路时，你会吓得赶紧抓住他的胳膊，并大声呵斥。这短短的一瞬间，你粗暴地抓住孩子的胳膊，剥夺了孩子的自由。这完全是一种暴力行为，但这种行为却是必要的，因为在任何时候，孩子的生命安全都是最重要的。

另一个例子在生活中也很常见。你担心孩子嘴里有危险的东西，他可能会把它吞下而导致窒息，所以你会把手伸进他的嘴里。你不必为这种暴力行为道歉，因为这不能怪你，你是在保护他。重要的是你在这种情况下所采取的态度，以及你事后如何面对可能因受到惊吓而害怕、伤心或愤怒的孩子。你的态度应该非常明确："我是在保护你，不是故意给你带来痛苦，我是在履行做父母的职责。"

在孩子生病需要治疗的情况下（如抽血、做超声检查、进行病毒检测、喂药等），有时也需要使用保护性暴力。不过，因为这些通常都是事先计划好的，所以一定要先尝试温和的方法。你可以试着找出孩子不配合的原因。他是因为害怕吗？还是想自己决定干这些事情的时间？当然，在看病的时候很难满足他的要求，但你也可以先尝试一下。如果孩子仍然不配合，那么你还是要优先考虑他的健康，必要时要使用保护性暴力。

🔧 在使用保护性暴力之后要安慰孩子

在你对孩子使用保护性暴力之后，孩子可能会害怕、困惑、悲伤或愤怒，因为他的自主决定权受到了限制。请告诉孩子你理解他，并给他留出发泄情绪的空间，陪伴他度过这个艰难的时刻。你可以说出孩子此时可能的感受，给他时间平静下来并与你交谈。拥抱或抚摸孩子，这有助于孩子更快地平静下来。等孩子平静下来之后，你再向他做出解释。例如，你可以说："对不起，我刚才很粗暴，声音太大了。但是保护你是我的职责。刚才我就是在保护你。"与孩子保持亲密的亲子关系，让他感受到你平和的态度，感受到你是在保护他。

小评和小友的对话

小评： 真是了不起啊！今天早上出门的时候，她愤怒地把孩子塞进安全座椅，简直太可怕了。

小友： 是啊，的确做得有点过分，因为她有些失去耐心了。

小评： 失去耐心？那她的耐心去哪了？飞到天上去了？

小友： 好了好了，她已经为此道歉了。她会想想怎么重新规划好早上的时间，这样就不会再发生类似的事情了。你就别再折磨她了，她已经知道错了。

小评： 她下次还会这样的。有可能是因为要哄孩子睡觉、孩子乱扔东西或是乱吐食物，反正她总是会发脾气。

小友： 不会的。大多数情况下她都能处理得很好。只是长久以来她的需求被忽视了，而且总是没有休息的时间，导致她有些不知所措。

小评： 你现在还想让她休息吗？是对她恶劣行为的奖励吗？

小友： 不是奖励！她休息好了心情就会好，也就会更有耐心照顾孩子。休息是可以防止不良情绪产生的。我马上就告诉她应该这么做。

"救命！我的孩子成长不正常？"

我们大家都遇到过这种人：他们总是意味深长地告诉你，你的孩子需要上这个或那个课，因为那些都是很重要的课，能让孩子受益终身。然而，令人吃惊的事实是，孩子能从那些课程中学到的知识或技能，比我们想象中的少得多——当然，多少能学到一些。孩子所能拥有的最宝贵的经历之一，就是被好好地爱着，但这并不是说你要和孩子一起做什么重要的事或一起上什么课。我们希望你带着好奇心去了解自己的孩子，并且惊喜地看到他是如何找到自己的人生之路的。是的，这是一个远大的理想。但就像我们曾经说过的那样：千里之行，始于足下。

你仍然认为孩子的成长和成就与你的养育方式直接相关？无论是身高、头围、语言、运动或情感的发展，还是学习或运动表现，只要你的孩子在任何一个方面偏离了标准，你都会感到责任重大、忧心忡忡，甚至羞愧难当，觉得自己搞砸了？但你要知道，成长是一个复杂的过程！

攻击性行为

如果你的孩子有攻击性行为（咬人、推人、掐人、骂人、吐口水等），你可能会非常担忧。不过，这并不一定是"错误"的养育方式造成的，也并不意味着他的成长出现了问题。事实上，孩子有时非常生气却不知该怎么表达而采取暴力行为是很正常的。尤其是在他的沟通能力尚未得到充分发展，无法用正确的方式来表达的情况下，他的攻击性行为实际上是一种无助的表现。如果你的孩子有这种行为或类似的行为，那你就有必要关注他的情绪和语言发展状况。在紧急情况下比较有用的做法是，你用语言帮助孩子表达发生了什么，并转移他的注意力，比如引导他用踩脚、击打枕头或诸如此类的行为来排解愤怒情绪。

影响成长的因素

孩子的成长是复杂的、多方面的，不能简单地归咎于遗传、环境或是养育方式。我们来看下页写满影响孩子成长的因素的云状图。有些东西是天生的，比如孩子的性格。孩子是比较害羞内向还是比较好斗冲动，这在某种程度上是与生俱来的，你要做的就是接受它。但这并不意味着（当孩子遇到困难的时候）你无法帮助他很好地管理自己的情绪。

有些影响孩子成长的因素是你完全无法控制的，比如战争、大流行病、自然灾害、创伤性事件等。还有一些因素你很难控制，即便能控制也需要付出极大的努力，比如你们所生活的社会及其文化环境，或是你们受教育的机会等。

同时，你也是众多影响因素中的一个，而且毫无疑问是一个重要的因素，尤其是在怀孕期间和孩子出生后的第一年。接着，随着其他因素的出现并占据越来越大的比重，你的影响力会慢慢减弱。例如，当孩子开始与大家庭的成员或家庭之外的人接触、上托育机构或幼儿园时，你就不再是影响他成长的唯一因素。记住，你绝对不是孩子成长中的唯一责任人。小友会着重向小评强调这一点。

影响孩子成长的因素

✏️ 写下，划掉

在笔记本上写下以下句子，然后划掉它！

~~孩子的成长由我一个人负责。~~

你也可以把其他影响因素写在纸上，并贴在上面划掉的句子上。你是影响孩子成长的其中一个因素，但只是众多因素中的一个。最后，写下这句话：

"我只是孩子成长中的一个影响因素。"

✄ 什么是"正常"？

儿童生长发育对照表已经不再是儿科医生的专属工具，人们几乎可以在任何一本育儿书中找到它。不过，它会让父母倍感压力，因为它给人的印象是：你的孩子必须在某个时间点达到某个发育标准才算是正常的，即符合标准的。从医学或心理学的角度来看，与群体（标准）进行比较的目的是发现必须干预的发育迟缓情况。因此，你应该让专业人士来判断，因为个体比较根本没有意义。如果非要进行比较的话，也只能**将孩子与他自己进行比较**，着眼于孩子的发育和成长。对于发育阶段本身，不要过于纠结具体的时间点。就儿童成长的主要时间点来说，相应的时间区间可以作为参照，比如，"学会走路"发生在孩子 9～18 个月大时。然而，很多对照表只列出了孩子学会走路的平均年龄，比如 12 个月大时，而不是列出整个年龄段。因此，你应该谨慎对待这些数字。

学校等教育机构

学校对孩子们的比较和评价通常更为极端。学校教育体系的设计不仅是为了教育和鼓励，还是为了方便做出评价。身为这个注重成果的社会中的一员，你可能对自己的孩子也抱有某种期望，或是对他日后的成就有自己的设想。也许你希望孩子以后能走上与你相似的职业道路，甚至超越你。

我们的教育体系存在弊端

作为家长，学校和社会对你有很高的期望和要求，认为你对孩子的学业负有责任。几乎没有人会质疑课程是否与时俱进。老实说，你上一次背诵诗歌是什么时候？很少有人会思考，学校除了给孩子打分，是否还有其他的评价方式可供选择。很少有人会质疑老师的教学方式。研究早已表明，带着热情和乐趣学习比在压力下学习效果好得多。近年来，多媒体技术的重要性日益凸显，但这一点在学校教育中（尚）未得到重视。此外，尽管社交能力也非常重要，但遗憾的是，学校也没有把重点放在提高孩子的社交能力上。

与在其他方面的成长一样，学会学习是一个复杂的过程，受到许多不同因素的影响。因此，如果孩子在学习、集中注意力、考试或做作业等方面遇到实际的困难，自责可能会阻碍你看到其他的影响因素，比如**学习环境**。你的孩子能否静下心来做作业和学习？他是否有一个安静的环境？他是否需要安静的环境，还是在嘈杂的环境中学习效果更好？他在做作业时需要有人陪伴或容易分心吗？做作业的时间是否符合孩子的要求，还是他要先出去转一圈，呼吸呼吸新鲜空气，然后才能开始做作业？

此外，孩子在校期间还会发生很多其他事情：他会变得更加独立，交到很多朋友，明白自己在家里的角色与在学校或朋友面前的角色不同，并懂得什么是道德和良知。当然，以上这些只是学校生活中的几个例子。这些事情中的任何一项都会耗费孩子大量的精力，可能会使孩子的学习成绩受到影响。

孩子的学习还会受到以下因素的影响。

- 智力和记忆力。

- 性格。

- 学习动机。

- 天赋。

与活泼开朗的孩子相比，上学这件事对害羞的孩子来说要难得多，因为前者更容易与人交往，后者则可能会觉得上学并不愉快，这可能会影响孩子的学习成绩。相反，活泼开朗的孩子可能会更难遵守学校的规则，因此更容易冒犯老师。对孩子进行具体分析绝对是值得的，这肯定比小评尖锐的批评更有价值。

新的研究表明，孩子交往的**朋友**对他的学习动机有极大的影响，而学习动机又会对学习成绩产生积极影响。此外，研究也清楚地表明，如果父母给孩子施加压力或控制孩子，会对孩子产生不利影响，支持孩子独立学习则更有益。作为妈妈，你能够帮助孩子了解他自己的优缺点，与他讨论你对他的期望，帮助他制订学习计划，从而支持并陪伴他度过学生时代。不过，也有很多因素是你无法控制的。如果孩子在学习上遇到了困难并求助于你，你们可以一起找出解决办法（也许需要专业人士的帮助），但成功与否都不应完全由你来承担责任。正如我们一直强调的，你并不是唯一的责任人，小友会时刻提醒你这一点！

帮助孩子找到真正的兴趣

说到成功与失败，你还需要简单了解一下课外活动。请暂且抛开成绩不谈，并摒弃"一旦开始必须坚持到底"的旧观念。孩子的兴趣爱好可以为你提供绝佳的机会，让你发现他的才能和特长，并让他快乐成长。因此，让孩子尝试不同的事物，支持他找到能让自己快乐的事情，这样才更有意义。如果你因为孩子（又一次）放弃兴趣爱好而自责，请这样看待这个问题：孩子不是放弃了，只是在继续寻找真正的兴趣爱好。

小评和小友的对话

小评：你听说了吗？丽萨的女儿只比她的孩子大两个星期，现在已经可以说完整的句子了。

小友：是的，我听说了，这没什么问题。孩子在不同的方面发育速度不一样。

小评：你是想说她的孩子发育迟缓吧？

小友：不是。我是想说每个孩子都有自己的成长节奏。和个别孩子比较没有意义。

小评：不过，她确实得注意自己的孩子发育是否正常。她可不能在这个问题上马虎。

小友：她不会的。你说得对，她应该关注这个问题，而且她也关注到了。她看到了孩子的成长情况，把孩子照顾得很好。

小评：她就没有忽略什么吗？

小友：我觉得她没有。她会定期带孩子去医院。医生对孩子的情况也很了解，还询问了她的意见。

小评：如果医生没有问呢？

小友：那她会主动告诉医生的。

在照顾孩子这件事上，
不存在"正确"或大家普遍认可的方式。

第五章 5
有孩子后的生活

Täglich

gri

das S

G

有了孩子后，你的生活可能充满了惊喜，但也充满了挑战。你要做的决定太多，要考虑的事情太多！有了孩子后，你的生活中也许并不都是好事，尤其是当小评不断抱怨的时候。她真的很刻薄，不是吗？那就让她抱怨去吧。请你收拾好心情继续阅读吧，这样她就没有机会抱怨了。

幸运的是，即便有了孩子，你的生活中也不是只有养育孩子这一件事，还有其他的点点滴滴。你和你的孩子以及其他的家人生活在一起，你们一起欢笑、哭泣、嬉戏、休息。不过，在日常生活中，有些话题可能经常会给你带来压力，让你陷入自责。一方面是因为，生活中的很多问题确实具有挑战性；另一方面是因为，你一直处于大家审视的目光之下，人们经常会把你的生活与他人的进行比较。在这里，别人的期望也产生了很大的影响，似乎每个人都非要至少给你一个"超级好的建议"不可。在本书中，我们将重点讨论电子产品的使用、多孩家庭中兄弟姐妹的关系和家庭外看护这 3 个方面的问题。在面对这些问题时，有一个共同的方法，那就是：你只要关注自己和自己的家庭，关注你所需要的以及能让你快乐的东西就好，这样一来，小评的攻击性就会大大减弱。

"救命！我的孩子看电视看得太多了！"

"你的孩子究竟有多长时间在看屏幕？"这个问题可能会让你紧张得出一身汗，因为你知道（或是你认为自己知道）自己的孩子看电视或玩平板电脑的时间太长了。当其他家长向你提出这个问题时，小评会感到非常高兴。毕竟，很少有什么事能像这件事一样，让人们轻而易举就能将孩子们进行比较：3 岁的特奥根本不被允许接触电子产品，而克拉拉使用电子产品的时间绝不能超过 30 分钟，否则的话，他们就会受到很大的伤害，因为使用电子产品会让人变笨、变胖、生病。真的吗？你健康聪明的孩子会因为每天看了

40分钟喜欢的电视剧就变成傻瓜吗？你自己又是怎么使用电子产品的呢？

当你看到"看电视会让孩子变笨"这样的新闻标题，或是看到某个成年人因为玩电子游戏而变得痴呆的恐怖场景时，你肯定会感到害怕。此外，你可能愿意相信其他家长允许孩子花在电视以及其他电子屏幕前的时间少得出奇。基于此，几乎所有的父母都会因为允许孩子使用电子产品而自责，这不仅是因为孩子使用电子产品对健康不利，还因为父母自己也在使用电子产品。无节制地"盯着屏幕"当然是不可取的，无论对大人还是孩子来说都是如此。但是，围绕这一话题制造恐慌并不明智。

臭名昭著的"30分钟规定"

小评会让你感觉，你在孩子使用电子产品上的教育出了问题。她最喜欢这样指责你了。但她的指责其实很少能经得起事实的检验，不是吗？

孩子还得干其他事情呢

人们常见的建议是：规定孩子每天使用电子产品的时间不超过30分钟。这条规定有时仅针对幼儿园的孩子，有时会扩展到小学阶段。至于3岁以下的孩子，给出的建议则是完全不应该使用任何电子产品。这条令人怀疑的"30分钟规定"既不现实，也不适用于我们现今这个数字化社会。尽管如此，很多人还在坚持这一规定。世界卫生组织（WHO）对儿童使用电子产品的时间也提出了限制，但是请注意，世界卫生组织建议2~3的儿童每天使用电子产品的时间是不超过 60 分钟。不过，有趣的是，世界卫生组织在这个建议的基础上还提出了确保相应年龄的儿童能够健康成长的推荐运动时间。也就是说，世界卫生组织考虑的是整体情况，是使用电子产品与体育运动之间的平衡。如果你的孩子有足够的运动量，会与其他孩子一起玩耍，经常到户外活动，那么即使多花 20 分钟在电子产品上，也不会变笨。

根据美国得克萨斯大学的一项研究，如果孩子在日常生活中有足够丰富的活动，如郊游、玩耍、做运动、阅读、社交、与家人亲密互动等，且活动时间足够长，那么使用电子产品就不会产生负面影响。当然，也不能排除过多使用电子产品会产生一些负面影响，但我们对此还不能百分之百地确定，也还不能断言这些影响是否会在孩子以后的生活中得到恢复和纠正。关于这一话题总是有很多耸人听闻的报道，而且人们总是将媒体分为"好媒体"（如图书）和"坏媒体"（如电视及其他电子产品），尽管这种划分方法并不科学。以上这些信息都会使你感到困惑。

回顾历史，人类的认知遵循着这样的规律：18 世纪，人们认为书籍会对人产生不良影响；20 世纪，电视成为罪魁祸首；2000 年左右，人们将电子游戏视为洪水猛兽；而如今，社交媒体又首当其冲。尽管如此，这几代人并没有因此变成傻瓜。

儿童每天使用电子产品的时间到底应该是多久？

事实上，在德国，3~13 岁的儿童平均每天看电视的时间为 95 分钟；对于 2~5 岁这个年龄段，约 34% 的儿童每天看电视 30~60 分钟，约 12% 的儿童每天看电视 60~120 分钟。

有趣的是，这些数字自 20 世纪 90 年代以来一直保持着相对稳定。视频网站等流媒体正在崛起，并逐渐取代了传统电视的地位。在德国，2~5 岁的儿童每天使用智能手机的时间不到 30 分钟；而在澳大利亚，这个年龄段的儿童每周使用智能手机的时间接近 26 小时！

考虑到使用电子产品访问流媒体已成为日常生活中不可或缺的一部分，因此，即使儿童每天使用电子产品时间较长也不足为奇。使用电子产品的时间不应该被固化。

电子产品并不是魔鬼

当然，使用电子产品会对孩子产生特定的影响，而具体有哪些影响，科学界并没有定论。但人们似乎达成了一种共识：每个孩子对电子产品的态度不同，因此，电子产品对每个孩子的影响也不尽相同。人们经常会认为使用电子产品与儿童智力低下和各种疾病（如 2 型糖尿病和肥胖症等）的出现存在关联。是的，的确有一些这方面的研究，但它们与营养学上的研究存在着同样的问题：智力低下与长时间使用电子产品确实有一定关系，但并不意味着两者之间存在因果关系。或许只是因为智商天生较高的孩子本身坐在屏幕前的时间就较少呢?! 在这个问题上，社会环境起着决定性作用，而这种作用并不那么容易被排除。小友对这一点非常了解，你要听她的，别听小评的。

✎ 当孩子使用电子产品出现不良反应时

当然，如果已经有明显的迹象表明使用电子产品对你的孩子不再有益而是有害时，你必须做出改变。孩子使用电子产品多久会出现不良反应因人而异。如果发现孩子有以下迹象，你就应该仔细审视一下孩子使用电子产品的情况。

▶ 使用电子产品后会立即变得有攻击性或过度兴奋。

▶ 注意力不集中。

▶ 被看到的内容干扰或惊吓。（请立即关闭电子产品！）

▶ 对其他（几乎）所有的事情都不再感兴趣。

▶ 入睡困难。

睡眠问题的出现有很多原因，在某些年龄段是完全正常的。但如果你怀疑孩子的睡眠问题与电子产品的使用有关联，就应该检查一下孩子在电子产品上看的是什么内容和看了多久。晚上看电视会对一些孩子产生刺激，让孩子过度兴奋，但有一些孩子能通过看电视安静下来。

注意！还有一种病态的媒体成瘾症，它往往发生在青春期孩子身上。在这方面，你和孩子可能需要专业的帮助。

重要的是质量而非数量

也就是说，电子产品是否会对孩子产生负面影响，关键在于孩子能否正确使用，而不是父母是否要严格禁止使用或是限制使用时间。例如，上文提到的"30分钟规定"往往会导致孩子在看电视剧、电影或玩游戏的中途被迫停止，这会让孩子产生挫败感或愤怒。

因此，与限制使用时间相比，提高使用质量更重要。为此，你需要关注以下几个方面。

- 孩子在看什么内容？这些内容适合孩子的年龄吗？

- 这些内容孩子能接受吗？（有些孩子接受度比较高，有些孩子则比较敏感，因此年龄分级仅供参考，你需要根据孩子的情况进行调整。）

- 你是否向孩子解释过作为未成年人该如何使用相关的软件？

- 孩子使用电子产品主要是为了娱乐和消磨时间吗？（这不应该是常态。）

- 孩子对电子产品的使用是正面的，比如会有创造性地使用不同的应用程序？

- 孩子是否在学习或观看科普类节目？

如果孩子能够正确使用电子产品，它们就会对孩子产生积极的影响。

电子产品的积极作用

电视和其他电子产品也有优点，列举如下：

- 借助电子产品，孩子能获取更多的信息并了解世界的多样性和复杂性。

- 许多科普类节目和应用程序内容丰富、结构性强，能强化孩子的认知。换句话说，孩子可以利用电子产品学到很多知识。

- 孩子可以通过各种媒体学习情感方面的技能，从而更好地了解自己。

● 现在的节目种类繁多，孩子可以在节目中观察到各种各

样的互动模式，在社交方面也会因此受益。

总之，让孩子使用电子产品并不像人们说的那么可怕。

　　但这并不意味着你完全不需要限制孩子使用电子产品的时间。如果你没有严格执行时间限制的规定，或者在一些特殊情况下（如孩子生病、你自己生病、疫情暴发等）将事先约定好的时间延长一些，你也完全不用担心。暂且让孩子待在电视机前，这样你就可以在百般忙碌之中喘口气而不至于发疯，这总比因精疲力竭而崩溃或大声训斥孩子要好。

正确使用电子产品

　　关于如何正确使用电子产品这个问题，要看孩子和家庭的具体情况。我们在这里并不是提倡孩子长时间使用电子产品，我们想说的是，在某些情况下，你应该允许孩子使用电子产品。我们多次提到的"30 分钟规定"并不是理想的解决方案，有时它甚至只是一个借口，让父母不必花时间和孩子讨论他在电子产品上浏览的内容以及他的兴趣爱好。但你要知道，就算你的孩子已经十几岁了，你也不能与他没有任何共同话题，而是要引导他正确使用电子产品。

完全没有规则可以吗？

就像对待孩子吃糖果的问题一样，有些父母完全没有给孩子设定使用电子产品的规则。他们依靠的是孩子自己的责任感，完全不限制孩子使用电子产品的时长，而且效果非常好。你如果愿意，也可以尝试一下。不过，大多数父母都会制订一些规则。一方面是因为，很多孩子还不具备必要的自律能力；另一方面是因为，这么做通常会让家长觉得更放心，而且孩子也能更好地安排他自己的时间。

请注意，如果你的孩子还小，还不懂得自我约束，那么他肯定需要你帮助他学习如何以健康的方式使用电子产品。他还没有时间观念，需要你的帮助。

使用电子产品的建议

以下是一些建议，它们可以帮助一个家庭找到合适的方法来使用电视、平板电脑等电子产品。

▶ 为整个家庭设定**共同的电子产品使用规则**。这些规则应与孩子的年龄相适应，由家庭成员共同设定（前提是孩子足够大）；应当具有灵活性，涵盖家里的所有电子产品，最重要的是，适用于每个人。这样做的好处是，你的孩子会从一定年龄开始，自然而然地熟悉各种电子产品的优缺点，并更加有意识地使用它们。

▶ **数字戒毒**。确定"无电子产品"的时间和地点，比如吃饭、睡觉、外出时等。当一家人心无旁骛地一起做游戏、聊天时，你们所有人都会感到身心放松。

▶ 随时了解孩子正在接触的媒体内容，并确保其**适合孩子的年龄**。如果你能与孩子进行讨论，就更好了。如果孩子单独使用电子产品，请确保他只能接触那些你"审查"过的内容。有专门针对儿童的新闻节目和网站，大多数平台都有儿童模式。你也可以在平板电脑上安装适合孩子年龄的应用程序。或者干脆关闭 Wi-Fi，以免孩子无意中看到你不想让他看的内容，或购买你不想让他买的东西。刚开始时你需要多花点精力，但这是非常值得的，因为这一切都是为了确保孩子可以安全地浏览网络内容或玩电子游戏。顺便说一句，年龄分级是一个很好的指南，但它并不能准确地告诉你，你的孩子对于某些内容是否会感到害怕或是不能接受。因此，当涉及新内容时，一定要先和孩子一起看看，并在这个过程中观察孩子的反应。

▶ 孩子越小，你就越应该在他使用电子产品时**陪伴**他。或许你可以在一旁看书，但要时刻关注孩子，以便在他感到害怕时做出反应。以下建议适用于所有年龄段的孩子：和孩子讨论看到的内容，这样会加深孩子的印象，同时这也是一件非常有趣的事情。

▶ 和孩子一起了解**各种各样的媒体**并轮番使用。你们可以一会儿在平板电脑上玩游戏，一会儿看看电视剧或听听广播，还可以一起阅读或者让孩子自己用点读笔自主阅读。这么多的选择，每一种都有它的魅力，同时也有负面影响。除此之外，一定要给孩子安排休息时间，远离电子产品，多做运动，多呼吸新鲜空气。

▶ **限制内容**。不要总是用电子产品给孩子提供新的内容来诱惑他，否则这些电子产品就与其他玩具无异，无法发挥出自身的优势。你只需要提供有限的方式供孩子选择。例如，在平板电脑上，只安装 1~3 种益智游戏，可以是拼图游戏、记忆游戏或填色游戏，这些就足够孩子玩一段时间了；在视频网站上，挑选出两部电视剧就够了。年龄越小的孩子越喜欢这种重复。使用点读笔和智能音箱也是同样的道理。

▶ 每个人都有**自己的兴趣爱好**，顺其自然吧。孩子喜欢的节目你不一定喜欢，他的兄弟姐妹也不一定喜欢。只要这些节目适合孩子的年龄，并且他自己喜欢，那就没问题。当然，你也可以对孩子选择的内容进行干预，屏蔽那些你极其反感的内容。但请时刻记住，你的孩子有独立的人格，他喜欢的东西有可能你并不喜欢。此外，随着孩子年龄的增长，同龄人的喜好也会对他产生影响。因此，有时父母还是有必要了解一下类似《汪汪队立大功》这种在儿童中非常受欢迎的节目。

🔧 尝试采用以物交换的方式

从孩子 3 岁左右开始，父母采用以物交换方式的有时会很有效。例如，你的孩子可以用一定数量的硬币、石头或弹珠来换取使用电子产品的时间。这里还有一个建议：不要换取使用时长，而要换取具体的内容，比如换一集孩子最喜欢的动画片。这并不是一种奖励制度，因为孩子得到硬币等东西后，可以自己决定如何使用它们。这种让孩子自己做决定（包括吃多少糖果等）的方式必须在耐心地对孩子进行训练后才能采用。如果孩子还不能很好地控制自己的冲动，总是一股脑儿地用光或吃掉所有的东西，父母的要求再严格也没有用。父母的坚持和宽严相济的态度有助于孩子学会自律。

你真正应避免的事项

有了以上这些可以根据你们的具体情况灵活调整的参考意见，你们会更容易遵守以下原则。

- **把能否使用电子产品作为奖惩手段的时候，一定是基于孩子使用电子产品的行为。** "你惹哥哥生气了，所以不准看电视"，这样的惩罚是行不通的，因为"惹哥哥生气"不是使用电子产品的行为。"你看完一集就自觉关上电视了，所以这周末你可以再看一集"，类似这样的奖励会更有效。
- **父母不能完全置身事外。** 你可以和孩子谈论有关话题，和他一起学习新知识。再加上你自己的榜样行为，会让孩子养成正确使用电子产品的习惯。

做孩子的榜样

通常情况下，在使用电子产品方面，你要以身作则。这并不是要给你施加额外的压力，而是想请你从不同的角度来看待以下问题：智能手机对你有多重要？你用它来做什么？你愿意放弃自己喜欢的连续剧吗？晚上，等到孩子睡了，你是否需要一些娱乐时间来放松一下？对我们很多人来说，这些都是日常生活中不可或缺的一部分。所以我们有什么理由阻止孩子使用电子产品呢？你的孩子是**数字原住民**，在他出生的这个时代，使用互联网、智能手机、平板电脑等电子产品是一件理所当然的事情。你应该帮助他掌握在未来能跟上技术发展所需要的技能，让他有能力恰当地使用电子产品，并从中获益。

但是，人们仍然会抱怨"那些妈妈"，因为她们一边推着婴儿车一边盯着手机。这个话题经常出现在新闻中。但我们想再次强调：是的，你当然需要关注自己的孩子，尤其是在交通安全方面。但是，当你坐在儿童乐园的沙坑边时，有多少人知道你在用智能手机做什么呢？你要用手机阅读、查找食谱、订购物品、与他人沟通……你要安排每天的家庭生活、记录购物清单、协调孩子们的休闲活动……当然，有时你也会在手机上消磨时间。这没关系！你也需要放松一下。

智能手机已经成为我们日常生活中不可或缺的一部分，它不应该像电视一样被妖魔化，被视为儿童健康成长的洪水猛兽。这种科技产品将继续存在并不断发展。因此，如果你能时常思考手机带来的影响，在孩子明确要求你"放下手机"时听他的，并且和孩子在一起时尽量不用手机，那么这个问题也没有想象中的那么棘手。你也可以这样教导孩子或要求他这样做："**如果我太分心或者注意力不集中，请直接告诉我，我就会把手机收起来。有时我也需要别人的提醒。**"对孩子来说，看到你作为成年人仍然需要努力提高自控力，他的心理负担也会减轻一些。

限制自己使用电子产品的时间

如果你想限制自己使用电子产品的时间，以下几点可能会有所帮助。

▶ 你也要遵守关于使用电子产品的家庭规则。

▶ 现在有无数的应用程序可以帮助你限制电子产品的使用时间。

▶ 清理你的应用程序。哪些是你真正需要的？哪些是有用的或能给你带来乐趣的？哪些应用程序是你出于习惯才会打开的？哪些是你每次使用后都会不愉快地关闭的？

▶ 检查一下你在社交媒体上关注了哪些人：哪些人能为你提供帮助、丰富你的生活、给你带来快乐？哪些只会徒增你的内疚感？

▶ 将自己使用手机、平板电脑等电子产品的时间固定下来。可能的话，请在休息时间关闭这些产品。

▶ 关闭信息提示音，这样你就不会在每次听到提示音时就急着去查看手机或电脑。

▶ 如果你在工作时需要使用手机，可以考虑准备两部手机，分别用于工作和生活。

小评和小友的对话

小评：你看时间了吗？她的孩子已经看了 50 分钟电视了。

小友：**是的，我知道。我已经注意到了。**

小评：你不觉得时间太长了吗？你和她都是知道的，超过 30 分钟对孩子不好。

小友：**不，不是这样的。孩子自己心里有数。他们刚去过游乐场，孩子玩得有点累，现在想放松一下。妈妈允许他看两集他喜欢的电视剧。**

小评：可是昨天他们根本没出门，她还让孩子看那么久电视。

小友：**是的，昨天她头疼得厉害，孩子看电视的时候她就能休息一会儿。**

小评：哦？难道电视还能当保姆？

小友：**是的。她身体不舒服，没有力气。不然的话，她可能会大声训斥孩子，那样更好吗？当然不是！**

小评：都是借口！不管怎么说，她的孩子看电视的时间太长了，因为他从妈妈身上什么都得不到。而且她自己也总是随身带着手机。

小友：**那当然了，因为她要用手机安排生活。有时她也用手机来放松一下。我们生活在 21 世纪，你必须明白这一点！难道她应该让孩子一直远离已经成为我们日常生活一部分的手机吗？更好的做法应该是让孩子学会如何面对吧。**

小评：……

小友：**看，你也没有好办法了吧。**

"救命！我的孩子们经常吵架！"

生了第一个孩子后，自责可能就会涌上你的心头；有了第二个孩子后，自责更甚。当然，可能也没有这么夸张，但孩子多了，自责就有了更多的空间，小评也有了全新的发泄渠道。"你对所有的孩子能一碗水端平吗？""他们为什么吵得这么厉害？""你为什么不多等一些时间再生二胎 / 三胎……？"还有，你并不是在生下二胎、三胎之后才开始胡思乱想，而是怀孕的时候这些问题就已经令你感到非常烦恼了。

通常情况下，你如何处理家里多个孩子间的问题，深受自己（童年）经历的影响。你有几个兄弟姐妹？你与他们是如何相处的？这些都会影响你对自己孩子之间关系的期待，相应地也会影响你对他们冲突的处理方式。更不用说还有来自外界的各种要求了。不过，小友希望你无视这些要求。

你的家庭正在壮大

又一个孩子的出生对整个家庭来说意义重大。尽管老大可能一直期待着有一个弟弟或妹妹（有时可能并不一定如此！），但一旦弟弟或妹妹出生，他就会意识到，从现在起他就必须和另一个孩子一起分享你的关注了，这通常会使他小小的心灵受到强烈冲击。有些孩子更容易接受这个现实，但很少有孩子不会产生"父母的爱被剥夺"的感觉。这没什么，你不必为此难过，在多孩家庭中，这是不可避免的。

因此，如果家里大一点的孩子有以下行为表现，你也不必自责。

- 有**行为倒退**倾向，即回到更小时候的行为模式，比如想让人多抱抱，又开始牙牙学语，突然又要使用奶嘴甚至尿不湿，等等。这通常是暂时性的，因为孩子想要通过上述方式得到他所需要的关注。如果你有足够的精力，就按孩子的要求做吧。当你通过这种方式重新满足孩子的需求时，你就可以帮助孩子适应新情况，走出这个阶段。如果你根本无法处理这种情况，或者这种情况持续很长时间，甚至随着时间的推移越来越严重，你也可以寻求专业人士的帮助。

- 对新生儿**有敌对甚至攻击性行为**。尤其是低龄儿童，由于他还不能很好地用语言来表达，所以会用这种行为来表达对"入侵者"的不满。他可能会掐、推或咬小宝宝，有时他们这么做可能只是出于好奇。当然，你必须干预，防止小宝宝受到伤害。但同样的，你并没有做错什么，大孩子是在和小宝宝争夺妈妈的关注。

当又一个孩子出生时，家里每个人都需要几个星期，有时甚至几个月的时间来适应自己的新角色和家庭环境的变化。这不仅会影响到家里较大的孩子，作为妈妈的你也常常需要重新适应。给大家一点时间，让你们这个团队共同成长。适应不会一蹴而就，在这个过程中，家人之间通常也会产生很多矛盾。但这并不意味着你做错了什么。请回想一下你们的生活是如何随着第一个孩子的到来而改变的，你的大孩子现在也有同样的感受！

大孩子与小宝宝争夺妈妈的爱，出现行为倒退的问题和攻击性行为，这些都是正常的。尽管你也没有什么办法来阻止这一切，但还是有一些小窍门可以让家里的孩子们更容易适应彼此。

让孩子们相互适应

最好在你再次怀孕时，就开始让家里的大孩子为新家庭成员的到来做好准备。孩子越大，你就可以越早告诉他。年龄较小的孩子几乎无法设想 9 个月后的事情，因此只告诉他你怀孕了就足够了。

让大孩子为小宝宝的到来做好准备

在小宝宝出生前，你可以这样做：

▶ 和大孩子一起阅读相关图书。有很多适合各个年龄段儿童的书，它们以非常现实的方式讲述了这个话题。

▶ 和大孩子一起猜测小宝宝的性别，为他起名字，这样未出生的宝宝就会变得更加具体。

▶ 巩固好与大孩子的亲子关系，可以的话，多花点时间单独与他相处。

▶ 让大孩子参与迎接新生儿的准备工作，甚至可以让他为新生儿选择一些东西。

▶ 一起为小宝宝准备一份礼物。

▶ 可能的话，和大孩子一起做一些有仪式感的事情——可以是以前就做过的，也可以是你们从未尝试过的。

▶ 如果有必要，让大孩子习惯于接受妈妈之外的其他人的照顾，以防小宝宝出生后他的看护者会经常发生变化。

▶ 如果大孩子愿意，让他抚摸你的肚子，感受小宝宝在你子宫里的活动并和小宝宝说话。

▶ 和大孩子一起用玩偶练习如何照顾小宝宝。

▶ 或许你可以带大孩子去拜访家有小宝宝的朋友，让他看看实际情况是怎样的。

▶ 有时也会有针对大孩子的课程，教他们如何应对新家庭成员的到来。

在小宝宝出生后，你可以这样做：

▶ 考虑一下大孩子和小宝宝第一次见面的地点。有些孩子觉得医院很可怕，而有些孩子会很高兴自己可以去医院探望，而不是让"入侵者"直接回家。

▶ 如果你在产后感觉很不舒服，或许可以等一段时间再让大孩子去医院探望你和小宝宝。否则，大孩子会把妈妈的"生病"和刚出生的弟弟妹妹联系起来。

▶ 以刚出生的小宝宝的名义给哥哥或姐姐送礼物，这有助于打破最初的僵局。

▶ 照顾小宝宝时，让大孩子参与进来。例如，在你给小宝宝换尿不湿的时候，让大孩子帮忙拿尿不湿；或者，在大孩子足够大的情况下，让他亲自给小宝宝换尿不湿。

▶ 和大孩子一起看看他婴儿时期的照片，告诉他："看，你当时也那么小，也经常睡觉、哭、吃奶。"

▶ 找时间和大孩子单独相处，不过，前提是你要照顾好自己！在坐月子期间和大孩子相拥入眠的感觉也很美妙。

▶ 如果分娩后的一段时间，你很难有与大孩子单独相处的时间，那么就要确保其他看护者能给予他所需的关注。

▶ 当有人来访时，确保大孩子也能得到客人的关注。这一点对大孩子来说更重要，因为小宝宝只要和你在一起就很满足。

▶ 向大孩子承认，这段时间你压力很大，没有很好地满足他的需求，这样他就不会觉得自己被忽视了。

▶ 如果大孩子已经足够大，你还可以向他解释很多事情，比如小宝宝为什么总是哭，为什么晚上会经常醒来。

▶ 不要强迫孩子们互动。如果大孩子想帮忙，对小宝宝感兴趣，那很好；如果不是，那就给他一点时间。他会按照自己的节奏接纳新的家庭成员。

▶ 建立起新的仪式感：和大孩子单独相处，当然也可以让小宝宝一起。不过，在这两种情况下，你都要注意，要坦诚，不要做出无法兑现的承诺，不要美化任何事情。

🔧 安排好与孩子独处的时间

妈妈与孩子独处的时间对孩子来说特别宝贵。这会让孩子知道："妈妈仍然关注我，我对妈妈来说很重要，妈妈就在我身边。"就算有兄弟姐妹的竞争，与妈妈独处也能让腼腆的孩子更容易表达自己的需求，或者让外向的孩子更加自信。因为孩子得到了更多的关注，也就更容易敞开心扉。

在独处时间里，重要的是什么？

▶ 不一定非得有特别的活动！只要让孩子和你单独在儿童房或游乐场里待着就足够了。对孩子来说，重要的是能和你在一起，而不一定是你们一起做什么事情。

► 让孩子决定（在具备条件的情况下）他要做什么。即使你不喜欢玩角色扮演游戏或是做手工，也应该配合孩子。

► 你们在一起的时间不一定要很长，重要的是要定期有这样的时间。例如，每周每个孩子可以有 30 分钟与妈妈独处的时间。或许还可以制作一张每周计划表，让孩子们适应并期待这样的时间。

► 确保在这段时间里你们尽可能不被打扰。不打电话，不玩手机，拒绝其他孩子的要求。当然，只有在有其他人照看其他孩子的情况下（尤其是在孩子比较小的情况下），你才可能与大孩子独处。或许爷爷奶奶可以帮忙照看一下更小的孩子。

当然，以上几条不仅适用于妈妈，也适用于所有有机会享受与孩子独处时光的看护者。

公平并不意味着同等地对待所有的孩子

如果你有不止一个孩子，从一开始，孩子们就在争夺你的爱和关注，在这方面，他们之间天然存在竞争关系。这就是为什么你可能经常感觉自己似乎被撕裂了，却还是无法公平地对待每一个孩子。这也很正常，你也没有必要自责。不幸的是，小评会有不同的看法。她会说你是个坏妈妈，因为你有时可能会在某个孩子身上花更多时间，比如你会先给小宝宝喂奶而不是去给大孩子读书，诸如此类。如果其中一个孩子的需求特别高，这种情况就会更加严重。难道我们不需要同等地对待所有孩子吗？

答案是：不需要！更重要的是公平地对待他们，换句话说就是，你要认为他们同样重要。这有时会与同等地对待他们正好相反，因为**每个孩子都有不同的兴趣和需求**。一方面是因为孩子们的年龄不同，另一方面是因为每个孩子都有自己独特的性格特点以及优缺点，你应该对这些保持敏感。同时，这些特质也会不断变化。有时孩子需要很多身体上的亲密接触，有时他可能会觉得还是独处比较好。或者大孩子喜欢一个人在房间里玩，而小宝宝则需要你一整天都陪着他。如果你陪他们两个玩的时间完全相等，一个可能已经烦了，另一个可能很伤心。在这种情况下，比较也是不恰当的，因为他们的需求并不完全相同。

诚然，即使你认识到孩子们有不同的需求并公平地对待他们，你们的家庭中也会发生矛盾，因为你们的需求，包括孩子们的需求以及你和伴侣的需求，可能是同时产生的。与其因为不得不让至少一个人失望而自责，不如在此时做出决定：当前哪种需求更重要？你需要优先满足它。

有时，认识到并表达出需求也很重要，因为这样的话在必要时，你就可以更容易地延迟满足某些需求了。以下问题可以帮助你权衡需求的紧迫性。

- 孩子是否受伤或承受了巨大的**痛苦**？如果是的话，这一点应该一直拥有优先权。当然，**安全**永远排在第一位。
- 孩子哪方面的需求最迫切？生理需求（饥饿、口渴、疲倦时产生的需求）和心理需求（见下页"人类的基本心理需求"）都很重要，但其紧迫性各不相同。最迫切的需求并不总是最强烈的需求。你了解自己的孩子，肯定知道他迫切需要什么的时候会有什么表现。

- 你**自己的需求**有多迫切？有多少次被推迟了？

- 谁已经到了可以**延迟满足自己需求**的年龄？一般认为，延迟满足的能力在一岁以后会逐渐提高。实际上，这意味着从宝宝出生后的第一年起，就可以开始让他等待一小段时间。到两三岁时，孩子这方面的能力会明显提高，但自控力的欠缺和对自主权的渴望，往往会阻碍他们有意识地延迟满足自己的需求。

- 谁是**最后那个**不得不妥协的人？

人类的基本心理需求

心理治疗师克劳斯·格拉韦（Klaus Grawe）区分了以下4种基本心理需求。

- **建立依恋关系的需求**。与重要的依恋对象建立深厚的情感关系，并在有压力的情况下，能够感受到对方可靠地陪伴在自己身边。

- **保护和提升自我价值感的需求**。这指的是增加"好的"或"尚可的"体验，以及努力保护自己不受"坏的"或"错误的"体验的影响。积极的自我评价是抵御心理压力的重要因素，而来自与自己关系亲密的人的赞赏和真实的反馈，有助于实现这一点。

- **获得方向感和掌控感的需求**。方向感和掌控感会带来安全感，因为它们让我们的生活更可预测、更可控。满足对方向感和掌控感的需求可以保护我们免受无力感和无助感的困扰。自我效能感在个体心理发展中发挥着重要作用，自我效能感高的人通常有更强的方向感和掌控力。

- **获得快乐和（或）避免不愉快的需求。**即避免不愉快情况的发生以及追求愉快的体验。哪些经历被认为是不愉快或愉快的，完全因人而异，他人无法决定。同时，这种感受也会随着时间的推移而发生变化。

通常情况下，对于前面说的那些权衡需求迫切性的问题，人们可以飞快地给出答案，而且有时答案是自然而然地出现的。一开始，这些答案会帮助你为某个决定找到合适的理由，这样你就不会为自己的决定而自责了。请不要忘记关注自己的需求。在很多情况下，最重要的事情就是你必须先休息好，然后再去满足其他人每天向你提出的诸多要求。当向孩子表达你的需求时，请注意你的措辞。最好不要说"我必须……"，这样会给人一种强硬的感觉。你可以说"我还想……"或"我还需要……"。

婴幼儿会非常依赖妈妈，所以，当你的孩子还是婴儿时，你必须确保还有别的看护者可以替代你。稍大一些的孩子虽然没那么依赖妈妈了，但他还有很多需求需要妈妈来满足，而此时他还难以理解"忍耐"的概念。所以，当你想要休息的时候，如果其他方法都不管用，你也可以用让孩子看会儿电视等方法让自己喘口气。

当你觉得自己和其中一个孩子更亲近时

几乎没有父母愿意谈论这个话题，但这样的情况并不少见，即父母感觉自己与其中的一个孩子更亲近，有自己"最喜欢"的孩子。对父母来说，它是一个禁忌话题，谈论这个话题往往会让父母感到自责。可能所有的父母都会在某个阶段更喜欢自己的某个孩子，有时他们更喜欢这个孩子，有时又更喜欢另一个。如果父母一直以来就只和特定的一个孩子关系更亲密，该怎么办呢？

记者杰弗里·克卢格（Jeffrey Kluger）认为，90%的父母都有这种感觉。因此，"偏爱"是常态而非例外。那么，你是否需要为自己更喜欢某个孩子而自责呢？不需要！即使你因种种原因和某个孩子更亲近，这也并不意味着你会表现出来。只有当你的偏爱导致你在生活中总是偏袒某个孩子，不公平地对待其他孩子时，才会对孩子造成伤害。

当你开始考虑自己是否一直公平公正地对待所有孩子时，那就意味着你不可能真的完全忽视任何一个孩子。还是那句话，你只要做到足够好就行，不需要完美。同等地对待每一个孩子既不现实，也不可取。

打破角色定位

在公平对待孩子们和了解他们的需求时，你要尽可能避免让某个孩子扮演特定的角色或将孩子们进行比较。例如，大一点的孩子不一定非得承担起哥哥或姐姐的责任。我们通常希望他们能够照顾弟弟妹妹，更懂事、更谨慎，但他们可能并不总是愿意或能够满足父母的这些期望，又或许他们的性格使他们很难满足这些期望。

当然，如果你发现了孩子的某些特质，并以恰当的方式对待和鼓励他，那么，让他扮演特定的角色也是完全可行并且非常有益的。除此之外，你可以这么做：

▶ 试着对孩子表现出的或可能表现出的所有特点持开放态度。没有人"只有"语言天赋，也没有人"只有"运动天赋。

▶ 孩子们应该拥有自我成长、重新定义自己的角色、发展兴趣爱好和挑战极限的机会。

▶ 总是被别人认为是胆小鬼的人，可能更难勇敢地去做一些事情。

既要考虑到每个孩子的特点，又不能僵化地看待这些特点，这并不容易。但是，为了让每个孩子都能感受到自己的存在，这样做是非常值得的。

正确地进行比较

人们总是喜欢相互比较，兄弟姐妹之间更是如此。在如今这个看重结果的社会中，人们往往认为通过比较能取得最大收益。这通常也是父母会将孩子进行比较的原因。父母可能会说："**看你哥哥（或弟弟）多棒，他把碗里的东西吃得精光。**"或者这么说："**知道你姐姐（或妹妹）考得多好吗？**"我们想用这样的话来鞭策孩子，但这并不是合适的教育方式，反而会给孩子带来压力，让孩子感觉自己被轻视，还会加剧兄弟姐妹之间的竞争。如果要比较，那就和孩子过去的表现比较："看，你自己会系鞋带了，真为你骄傲！"这会让孩子觉得自己作为一个独立的个体，受到了重视和认可。

就算不是每次都能成功，但只要牢记这一点，你离公平对待每个孩子的目标就更近了一步。

如何处理孩子们之间的争吵？

"他们又开始吵架了！我到底做错了什么？"这样的想法是不是很熟悉？小评就非常喜欢这个想法。你可能常常为没有"努力"让孩子们和睦相处而自责。但你能控制得了吗？孩子们吵架时你能做些什么？你必须做些什么吗？

兄弟姐妹之间的关系非常特殊，它会持续一生，可能比父母和子女之间的关系存续时间还要长。无论他们在日后仍然非常亲密，还是很少见面，他们永远是兄弟姐妹，这是他们无从选择也无法摆脱的关系。在大多数情况下，与兄弟姐妹相处是一种非常有益的经历。如果你有一个兄弟姐妹，当你长大成人，离开父母，迈出踏入社会的第一步，以及组建自己的家庭时，你身边会一直有一个人，他（或她）比任何人都更了解你，与你相处的时间也最长。研究表明，无论愿不愿意，从3岁开始，兄弟姐妹在一起的时间比和自己父母在一起的时间还要长。

孩子们经常争吵

兄弟姐妹间发生争执不足为奇，并且可能经常发生！研究员劳里·克拉默（Laurie Kramer）提供了一些数据：3~7岁的兄弟姐妹平均每小时会争吵3~4次，2~4岁的兄弟姐妹每小时甚至会争吵6

次，也就是说，他们每 10 分钟就要吵一次！也许你的孩子们吵架的频率并没有达到平均值，只是比较"平常"而已。兄弟姐妹之间吵架并不是什么问题，而是一种锻炼社交能力的行为。

争吵的积极意义

争吵并不是一件令人愉快的事情，孩子们之间的争吵往往让父母难以忍受。但争吵也有积极意义，并且这种积极意义不仅仅出现在童年时期。争吵的积极意义如下。

- 孩子可以从中学会妥协，甚至学会如何达成协议。
- 孩子可以从中学会如何捍卫自己的利益。
- 孩子可以从中学会如何处理愤怒情绪。
- 争吵能让孩子学会换位思考。
- 争吵可以帮助孩子意识到自己的感受、需求和价值观。
- 争吵可以教会孩子如何处理和制订规则。

当然，这些积极意义并不会立即显现出来。这是一个漫长的过程，在不同的年龄段会有不同的表现。但随着时间的推移，孩子们的社交能力将得到提高。因此，小友会告诉你，就算孩子们经常争吵，也不会造成什么严重的后果。

孩子们的关系并不一定一直和谐

你肯定希望孩子们能一直和谐相处，但这是不切实际的。兄弟姐妹之间有各种情感，不仅有爱、信任和支持，还有羡慕、嫉妒和仇恨。他们不是一定要一直相亲相爱，但应该相互尊重，同时允许负面情绪的存在。作为父母，你和你的伴侣就是孩子的榜样，因为你们之间的关系就不是一直和谐、没有冲突的。你们也会争吵，但通常你们会相互尊重，共同寻找解决办法（见第 234 页"救命！我们总是吵架！"）。如果孩子们看到父母在争吵，这本身并无害处。

如果你和伴侣已经为孩子们树立了一个好榜样，孩子们就会知道他们可以争吵，也可以和睦相处，还可以永远相亲相爱。不过，**在孩子面前因为孩子的事情争吵是大忌！**

正确地争吵

你要告诉孩子们，在争吵时需要遵守以下规则。

- 不要大喊大叫，不要动手。
- 用语言表达自己的需求。
- 不要侮辱对方。
- 不要指责对方，而要寻找解决办法。
- 学会换位思考。
- 认真倾听并让对方把话说完。
- 尊重对方的感受和意见。
- 达成一致或做出妥协，而不是追求胜利。
- 暂停争论，花点时间让自己冷静下来，必要时进行反思。
- 冷静下来后，重新与对方交谈并澄清问题。
- 必要时最后要向对方道歉。

除了这些规则之外，你和伴侣可以根据具体情况对争吵的规则进行协商并反复调整，这种调整可以是有意识的，也可以是无意识的。例如，如果争吵的双方中有一方喜欢自说自话，那么他们可以商定，在争吵时允许打断对方。在这一点上，你和伴侣可以给孩子们做出示范。如果孩子们年龄已经比较大了，你们还可以共同制订争吵的规则，比如"妈妈不插手"或"每个人都可以有负面情绪"。

孩子们为何争吵？

通常，孩子们主要是为所有权而争吵。尤其是年幼的孩子，他们还不理解什么是"所有权"，更不会换位思考。他们既不明白自己为什么要与别人分享某样东西，也不明白在争吵中对方也会受到伤害。他们有时非常害怕自己的东西被别人抢走，并且认为没有必要道歉。他们在这个阶段只关心自己的利益。

此时，如果你强迫孩子道歉，通常无济于事。他们可能会服从，但他们不会从中学到任何东西，因为他们在心理上还不成熟。唯一有效的办法就是**在日常生活中给孩子做出示范，告诉孩子如何分享，以及怎样道歉**。孩子年龄越大，就越能理解这一点，也就越有可能采纳你的建议。对你来说，这是一个漫长而艰辛的过程，但你的努力是值得的。因此，如果孩子们经常争吵，而所谓的无理取闹的孩子又不愿意道歉，你也不必自责。他们只是还没有学会正确地道歉。

相反，给予孩子关注才有助于解决争吵的问题，因为他们如此争强好胜的真正原因在于，他们想要尽可能多地争取到与你相处的时间，以及你对他们的关注。所以，请想一想我们在"公平"

这个话题中谈到的与孩子独处的问题。与孩子独处可以帮助孩子减少经常要争夺你的感觉，因此可以相应地避免不少争吵情况的出现。

处理争吵的技巧

▶ 在争吵发生后，倾听每个孩子的想法，尝试调解或帮助他们找到解决办法。如果找不到解决办法，那就欣然接受他们争吵这件事。

▶ 不要偏袒任何一方。认真对待每个孩子陈述的争吵理由和他们的感受。即使你无法理解，也不要忽视孩子的想法和感受。

▶ 告诉他们，重要的不是责怪谁或去追究是谁挑起争吵的，而是要考虑如何找到一个解决问题的好办法。

▶ 如果孩子还没有能力说出自己行为背后所隐藏的愿望和需求，帮助他表达出来，如**"我知道你很生气，因为哥哥（或姐姐）……"**。这样的话，一方面，孩子会觉得自己被理解了；另一方面，孩子也能学会表达自己的感受并了解别人的感受。

▶ 如果孩子希望与你在肢体上有亲密接触，请满足他的愿望。拥抱所产生的激素能让人平静下来。

▶ 也许你们还可以一起笑着谈论争吵的荒谬之处。笑能拉近你们之间的距离。

▶ 作为一种预防孩子们争吵的措施，你还可以给他们创造友好相处和共同游戏的机会，甚至可以在旁边陪伴他们。他们能一起用积木搭一座高塔吗？大一点的孩子能一起去买东西吗？共同完成一件事的经历能增进他们之间的感情。

▶ 明确哪些玩具是可以分享的，哪些是不必分享的。这个规定在有其他孩子来访时也很有用。

▶ 如果空间允许，最好给争吵的孩子们留出一个可以独处的地方，让他们避开其他的兄弟姐妹。这个地方可以是他们自己的房间，也可以是走廊上一个舒适的角落。但是，让他们独处并不是一种惩罚手段，而是给他们提供一个选择！

▶ 争吵已经够令人不愉快了，不要再因此惩罚他们。陪伴他们度过这段闹矛盾的时间，帮助他们冷静下来并在事后和好。

▶ 如果没有其他办法，且事态很严峻，换个环境往往是个好主意。可以带他们去花园或操场，在那里他们的注意力会被转移，或者能够更好地发泄自己的情绪。

你什么时候应该或必须干预？

当孩子们争吵时，你不必总是干预。正如你已经了解到的，争吵能锻炼他们的社交能力，他们应该学会自己解决冲突。因此，就算你在孩子们每次发生争执时都觉得必须干预，也请不要插手。或者在介入之前，先问问他们是否需要你的帮助。

不过，有些时候你必须介入：

● 当一个或多个孩子处于危险之中，即发生暴力冲突时（或家中的物品"处于危险之中"时）。

● 当孩子向你求助时。

2~3 岁的孩子在解决冲突时通常都需要你的帮助。

当然，你应当对孩子们的争吵时刻保持关注。如果在此期间你觉得无法忍受，也可以干预，但要事先问问自己：真的有必要吗？没有我他们能应付吗？保持冷静、静观其变并不是一件容易的事，尤其是当冲突引发你不愉快的情绪时。但请你还是要尽量忍耐。

小评和小友的对话

小评： 她的两个孩子又吵架了？太不可思议了！她就不能想办法让他们两个和平相处吗？

小友： 什么叫"想办法"？孩子们需要帮忙的时候，她自会去帮忙。有必要的时候，她会干预的。争吵是孩子们生活的一部分，没有争吵才不正常呢。就像你我一样。孩子们甚至能从中学到一些东西。而且两个孩子关系很亲密，争吵自然会更多。

小评： 那她应该让两个孩子的年龄差距再大一点。

小友： 应该?! 第一，她不可能计划得那么精确；第二，生二胎在她的意料之外；第三，孩子年龄差距小也有很多好处。

小评： 但她现在更喜欢小的那个，不是吗？说实话，她更喜欢老二。

小友： 是的，可能老二与她更亲近一些。但这并不意味着她对老大的爱就减少了。每段关系都是完全独立的，你为什么进行没有意义的比较呢？而且她也在努力不偏爱任何一个孩子。

小评： 所以她不会偏爱他们中的任何一个？

小友： 她会尽力做到公平。家里每个人都有自己的需求，她会尽量平衡。虽然并不总是奏效，但现在成功的次数越来越多了。

"救命！别人在照看我的孩子！"

当今社会，想要在没有人帮忙的情况下照顾好孩子几乎是不可能的，这似乎也是你自责的原因之一。无论你出于什么原因让别人来照看你的孩子，你都会遭受自责的折磨。

你可能担心让别人帮忙照看孩子会对亲子关系、孩子的健康造成伤害，但我们希望消除你的这些顾虑。

家庭外看护可以丰富孩子的生活体验

在家庭外看护中，你的孩子通常有一个固定的看护者，这个看护者从一开始就对你的孩子负责。如果你把孩子送到托育机构，通常托育机构会给孩子指定一个看护者，但有时孩子会主动选择他信任的人。与家庭外的看护者互动可以丰富孩子的生活体验。

你的孩子有了多个看护者

你的孩子可以与不同的人建立亲密关系，而且通常还能从这些亲密关系中获益。这样，孩子就能在托育机构或幼儿园获得安全感，在家庭之外找到另一个安全的港湾。孩子与家庭外的看护者建立亲密关系不会伤害你们的亲子关系。

孩子在幼儿园里也很健康

除了亲子关系，你关心的问题可能还有孩子的健康状况。美国的一项大型研究有助于你了解孩子的健康状况。就免疫系统的发育而言，研究小组得出了以下结论。

- 由于感染风险更高，在托育机构接受看护的幼儿比完全由家人照顾的幼儿，更容易患耳部感染和上呼吸道感染等疾病。
- 在上幼儿园之前完全由家人照顾的孩子，在幼儿园里生病的频率更高。
- 孩子在幼儿园里生病的风险会增大，但这对他们认知能力和语言的发展并没有直接影响。

家庭外看护有利于孩子认知能力和语言能力的发展

更多研究结果表明，敏锐地感知孩子的需求、积极地培养孩子的能力（无论是妈妈还是其他看护者）对孩子在各个方面的发展都有着特别积极的影响。与家庭或小型托育机构相比，在大型托育机构中，看护者要做到上述两点可能更加困难。但是，大型托育机构能为孩子提供更多的社交机会，这是它们的优势所在。更大的群体有更丰富的多样性，这有利于孩子智力和语言的发展。

就孩子的**情感发展**而言，如果你去幼儿园接孩子时，发现他表现得比平时更想"努力赶上别人"，你可能会感到不安。与只和你待在家时相比，上了幼儿园的孩子可能会在各方面感到沮丧。这会给人一种印象：家庭外看护可能会对孩子的情感发展产生负面影响。但是，事实上，之所以会出现这种差异，可能是因为孩子在更大的群体中需要更多地与别人合作。与在家时相比，在幼儿园里他的需求可能通常无法及时得到满足。当回到你的怀抱后，他会感到足够安全，可以尽情释放可能压抑了很久的情感。可以说，他在你面前表现出种种行为是在强调自主性，是对自己在幼儿园里无法充分发挥自主性的弥补。因此，你不必担心孩子的情绪健康会受到任何影响。

总体而言，高质量的看护对孩子的发展（尤其是认知能力和语言的发展）有积极的影响，但是，就算看护条件差一些，也不会对孩子造成什么负面影响！你的孩子无论是在家还是在托育机构、幼儿园，都能健康成长，因为真正重要的是与孩子朝夕相处的人。顺便提一下，家庭外看护也有助于提高孩子的社交能力，这种能力是我们经常强调的，并且孩子通常在小组游戏等集体活动中才能习得这种能力。

分离的痛苦会影响你和孩子

与妈妈分离是给幼儿造成压力的主要原因。只要你在，孩子就有足够的安全感来应对压力，对什么都充满兴趣，会积极探索周围的世界。你肯定已经意识到了，有时候孩子只需要与你进行短暂的眼神交流，就能继续独自在游乐场或其他不熟悉的地方探索。孩子之所以在与父母分离时反应激烈，也是因为缺乏安全感。

此外，**亲密关系并不仅仅存在于孩子与父母之间**，也可以存在于孩子与其他人之间。这意味着其他人也能给孩子带来安全感，帮助他应对压力。因此，为了让孩子与看护者之间建立起亲密关系，事先有必要给他们一段适应期来熟悉彼此。如果你的孩子有这方面的经验，明白其他人也能给予他关怀和安慰，那么他在这方面就会有优势，因为他可以将先前积累的经验应用到新的看护者身上。可以说，他对建立新的亲密关系已经胸有成竹。

刚开始的时候，不仅你的孩子难以面对分离，你也如此。你担心孩子的需求不能得到充分满足，担心他无法融入集体、交到朋友。要想克服这些焦虑，你需要信任托育机构和照顾孩子的人。这种信任也会对你产生积极的影响：如果你对孩子目前在其他地方接受照顾的这个事实感到放心，你就可以摆脱自责，好好利用这段属于自己的时间。

家庭外看护注意事项

关于家庭外看护，我们有以下建议。

▶ 你要为孩子留出足够的适应时间。一般来说，孩子需要 2~3 周的时间才能逐渐适应家庭外看护的生活，并与看护者建立可持续的关系。如果你的孩子在此前很少与外人接触或性格比较内向，那么适应时间可能会比较长。

▶ 如果你决定把孩子送到托育机构，那么，你要对托育机构、保育员及他们的教育或看护理念有足够的了解，这样才能减少自己对托育工作的疑虑。其中至关重要的是实施教育理念的人，你可以向他提出任何你认为重要的问题。

▶ 作为家庭外看护者与孩子之间的联系人，你要积极地参与他们相互适应的过程。看护者可以利用你提供的重要信息了解自己该如何与你的孩子相处。

▶ 你要做好心理准备，因为孩子会哭。你的目标不是不让孩子哭，而是让他知道你理解他的感受。

▶ 同样重要的是，每次分离时都要和孩子道别，不要趁他专心玩耍时偷偷溜走。如果孩子意识到你会在不告诉他的情况下突然消失，那么他可能会黏着你，不让你离开他的视线，以避免这种情况再次发生。

▶ 如果你把孩子送到托育机构，在适应期过后，你可以为孩子安排一段休息时间。可能的话，在孩子结束一段时间的托育生活后，也安排一段休息时间。在这段时间内不要再安排其他活动，这样你就可以帮助他放松和减轻压力。

▶ 如果你觉得孩子还没有适应新环境，并且状态不太好，那么你可以要求延长适应时间。但你不必为此自责，因为导致孩子需要更长适应时间的原因有很多。当你发现任何问题，或者当你认为需要更多帮助的时候，请与看护者沟通。

▶ 如果你把孩子送到幼儿园，孩子在2~3周后仍然时不时地出现不想去幼儿园的情况，这肯定会让你自责。但是你要明白，出现这个问题往往不是因为孩子不想和其他孩子或看护者在一起，而是因为他还没有完全适应。此时，你要多多陪伴孩子、理解孩子，并寻找对他有帮助的方法，比如给他带个安慰物（如毛绒玩具、毯子、小贴纸），对他做出承诺（如答应带他出去玩、答应及时接他回家等）。此外，你还可以告诉孩子的看护者哪些方法可以帮助孩子在入园后平静下来，这样，你也可以更安心地做自己的事情。

做出正确的决定

除了面对自己对孩子成长的担忧，你还必须面对来自他人和自己内心的批评。例如，他们可能会批评你"过早""过晚"或是"过长时间"地将孩子交给他人照看。他们可能会说："**既然要把孩子送**

到别人那里照看，你为什么还要当妈呢？"或者说："这个可怜的孩子是独生子女，需要其他孩子的陪伴！赶紧把他送去幼儿园吧！"很好，谢谢他们的建议！但在照顾孩子这件事上，不存在"正确"或大家普遍认可的方式。你需要找到适合自己的方式，在深思熟虑后做出决定，并坚决执行。这样做能够为自己撑起一把保护伞，抵御自责和来自小评及其支持者的攻击。

做出正确的决定

关于是否将孩子送到托育机构，做出决定的第一步显然是要详细了解可供你选择的方案。你可以在线上或线下进行以下几个方面的调查。

▶ 附近是否有托育机构？如果有，在哪里？

▶ 还有入托名额吗？入托的具体时间和时长是怎样的？

▶ 入托时间是否与你的需求相匹配？

▶ 托育费用是多少？

▶ 托育机构的空间布局是什么样的？

▶ 托育机构的教学理念如何？

▶ 托育机构是否会给孩子适应期？

▶ 保育员与孩子的数量比例是多少？

不管是公立、私立还是其他形式的托育机构，你都可以提出同样的问题。将收集到的信息进行归纳整理，以便做出与你的需求、标准和财务状况相吻合的决定。

别无选择就不要自责

对于迫不得已做出的决定，没什么可自责的。你要时刻谨记这一点，并提醒小评。例如，你提前将孩子送入托育机构，可能是因为你迫于经济压力不得不提前返回工作岗位，或者你们可能是单亲家庭，你别无选择。或者你虽然对自己把孩子送去托育机构的选择不是百分之百满意，但你没有太多选择的余地。别无选择就不要自责，不要为不得不做出选择而焦虑。小友提醒你一定要了解这一点。

请你积极面对自己的感受，尤其是对家庭外看护的担忧。我们希望，上面的内容能够缓解你的焦虑。另外，你要看看自己是否感受到了来自社会的压力。无论这种压力以什么样的形式对你造成了影响，作为社会的一分子，你都不可能完全摆脱它。下面这项练习或许可以给你带来一些灵感，帮助你做出决定。

想象你们搬家了

想象一下，你和家人搬到了没人认识你们的地方，开始了全新的生活，需要适应全新的环境。你们选择了一个非常好的地方，那里的人们思想开放，对他人的生活持宽容的态度。没有人会因为你们的选择而评判你们。在那里，你没有压力，不用担心辜负别人的期望，也不用在意给别人留下什么负面印象。在这样的情况下，你会做出怎样的决定？

请将自己从他人的要求、不切实际的幻想和性别规定中解放出来。你婆婆认为你应该自己照顾孩子直到他上幼儿园吗？她肯定认为这是好事，毕竟她当年就是这么做的。你没必要与她争论她当时的决定是否正确，更好的做法是，告诉她你现在的做法也很好。在与自己的父母（或公公婆婆）或上一辈人交谈时，比较可取的态度是让他们明白，你现在这么做并不是在批评或否定他们当年的做法。

有人认为，现代女性必须无所不能、兼顾一切，还有很多人认为，只有女性才能照顾好孩子。请不要让这些想法左右你的决定。**照顾孩子不只是女人的事**。因此，如果你想颠覆所有这些观念，想在生完孩子 3 个月后就回去工作，想让你的伴侣接手照顾孩子的任务，那就这么做吧！你的生活由你自己做主。

▶ 专家建议 ◀

你不必为把孩子送到托育机构而自责

采访芭芭拉·韦伯－艾森曼（Barbara Weber-Eisenmann）

我们知道，关于家庭外看护的话题可能会让很多妈妈感到不安，为此我们请芭芭拉·韦伯－艾森曼提供帮助。她是社会教育学家，经营着一家托育机构。

把孩子交给"陌生人"，让孩子接受家庭外的看护，对此很多妈妈常常感到自责。您对她们有什么建议？

我的第一反应是：赶紧把孩子送过去！不过，我知道这并不总是那么容易，所以我想谈几点建议，让事情变得容易些。我想先从"他人照看"谈起。当孩子在托育机构度过适应期之后，保育员就会成为孩子在核心家庭之外的重要看护者。当然，一开始，一切都是陌生的，父母和孩子对托育机构和保育员都感到陌生。但随后，保育员就会成为陪伴孩子度过一天的重要的人。他们会安慰孩子，陪伴孩子入睡。他们知道孩子最喜欢的毛绒玩具是什么，知道孩子上一个假期是怎样度过的，知道孩子现在在做什么，等等。

如果孩子能够很好地适应托育生活，那么，托育机构对孩子来说就是一个重要的地方，他可以在那里尝试各种事情，学到很多东西。孩子不仅能从其他成年人那里获益，还能从其他孩子那里获益。

同样，孩子也能从保育员的看护服务中获益。

至于一个家庭是决定让孩子待在家里，还是交给托育机构照顾，这完全取决于家庭的具体情况，外人无权评判。父母双方是否必须或想要重返工作岗位都不重要，重要的是他们有权选择适合自己的方式来照顾孩子，这在现代社会是无可指摘的。因此，我们希望所有妈妈不要受外部因素的影响。毕竟，适合一个家庭的方式可能完全不适合另一个家庭。走自己的路吧，相信你的孩子在托育机构里会过得很好。

如果决定把孩子送去托育机构，妈妈们该如何摆脱自责？

让孩子提前适应托育生活。在选择托育机构时，孩子的妈妈可以提出任何问题。妈妈对托育机构了解得越充分，与孩子分离就越容易。此外，妈妈一定要了解一个重要的事实：就算孩子一开始能很好地适应托育生活，但他也可能还有不愿意去托育机构的时候。这很正常，我们成年人也并不总是喜欢去上班。通常情况下，孩子很快就会重新找到快乐，并享受在托育机构的每一天。虽然有的孩子的确很难适应，但是，只要保育员耐心引导，大多数孩子都能融入集体。

虽然托育机构给孩子们安排的活动各不相同，但一般都包括以下几方面：运动、营养健康、语言交流、社会文化、艺术、道德、数学、科学。

当然，有些东西父母在家里也可以教孩子，但肯定达不到托育机构所教授的程度。因此，托育机构是孩子在家庭之外的一个新的生活空间，为孩子提供了很多成长的可能性。在这里，孩子可以获得新的体验，朝着独立的方向迈出重要的一步。

　　向他人倾诉自己的感受也是有益的。最好与伴侣、有同样感受的好朋友或其他值得信赖的人聊一聊，或者观察一下孩子的状态：接受家庭外看护的孩子状态好吗？

　　最后，我想提醒妈妈们，你们不仅是妈妈，也和生孩子前一样，是独立的个体，可以继续发展自己的事业，也可以抽出时间来关爱自己。一个能找到平衡的妈妈会让孩子受益良多，也能更好地享受亲子时光。

　　因此，如果妈妈们决定把孩子送到托育机构，是完全没有必要为此自责的。孩子在那里会得到很好的照顾。

小评和小友的对话

小评： 自己生了孩子，却让别人去照顾。厉害，她真是太厉害了！

小友： 饶了她吧。她不是在推卸责任，而是认为家庭外看护是对家庭看护的补充。孩子很喜欢托育机构的保育员，你没看见他今天早上是迫不及待地跑进活动室的吗？

小评： 当然，那是因为他看见保育员的次数比看见自己妈妈的次数还多。那个保育员会陪他做很多事情，做手工，唱歌，跳舞，玩耍，等等。很快他就会喜欢保育员胜过喜欢自己的妈妈了。

小友： 幸好不是这样，要不然她会很伤心的。他们母子的关系并没有因此受到威胁。孩子在那里过得不错，她非常高兴！

小评： 因为这样她就可以专心做其他事情了。

小友： 你说得对，她知道孩子在那儿过得不错，这的确可以让她专心工作或者放松一下。

小评： 这样等孩子回来后，母子俩就能放松地休息了？也不安排一些其他的活动吗？

小友： 是的，因为孩子回来后也需要休息。而且说实话，他们母子俩都很享受这种惬意的时光。这比总是把时间安排得满满当当的要好得多。

"救命！这里看起来有点乱！"

你家的家务活由谁来做？你，你的伴侣，还是你们一起？你们的家务活是不是很多？很多研究表明，在40%~80%的家庭中，女性独自承担或承担了大部分家务。如果将这一数据与女性就业数据（2019年德国女性就业率约为73%）进行比较，就会发现问题所在。

即使是没有工作的女性也不应该独自承担家务，毕竟，在大多数情况下，夫妻双方是生活在一起的。如果家里乱糟糟的，你的另一半是否会像你一样感到自责？问问他，他内心的批评者是否也会找他的麻烦。发问时不要带有挑衅意味，而要真诚地、饶有兴致地问。虽然不能一概而论，但我们可以想象，大多数男性不会为此自责。如果你的伴侣和你一样有责任感，那么就请你俩一起摆脱自责；如果不是，那么至少你自己要和自责说再见。

不管是否有分工（见第234页"救命！我们总是吵架！"），家务活通常非常不受欢迎，而且要占用我们大量的时间。尤其是当家里有孩子的时候，家务活似乎永远都干不完。有些家务活每天都需要重复，比如洗衣服。这种没完没了、永远干不完的感觉让你很有压力，也常常让你自责。因为有时你没能（或不再）达到自己的标准或他人的期望。小友却认为，这并不是一个自责的好理由，尤其是在你将自己的家庭状况与广告中、社交媒体上或邻居的家庭状况进行比较时。"别人家"不仅草地看起来更绿、衣服看起来更白，连他们的地板看起来都更亮。当小评就"家庭"这一话题拉响警报时，你应该可以意识到，那些夸张的期望和不健康的比较又要开始了。

　　下面我们将给你一些建议供你参考，它们能帮助你减少在家务问题上的焦虑。在此之前，请你再和小友聊一聊。因为在涉及与家务相关的自责时还是应该问一问：如果不擦窗户会怎么样？如果不做家务呢？会造成严重的后果吗？绝大多数情况下，答案都是"不会"。如果你看到家里乱糟糟的而产生自责情绪，很少是因为你担心这样会伤害到孩子，大多数情况下是因为你没能满足一些所谓的要求或达到某些期望。你需要质疑的正是这些要求和期望。

杂乱不是罪

　　很多人认为家里应该"整洁"，所以人们必须好好收拾整理。自从日本的"收纳女王"近藤麻理惠成功之后，"整洁"就成了"能够掌控生活"的代名词。任何不把自己和家里收拾得干净清爽的人，都会被视作没有条理、缺乏生活热情、失去了对生活的掌控的人。

　　希望你已经意识到，这种说法有点言过其实。近藤麻理惠的一些建议确实很有用，但各种生活小窍门、收纳训练和相关研究还是给我们带来了额外的压力，而这些都是我们根本不需要的。毕竟，我们和我们的妈妈、祖母和曾祖母们面临着同样的期望：女性要将家里收拾得干净整洁。

整洁并不是生活中不可或缺的一部分

　　所谓的整洁，归根结底是一个美学问题。除非引发疾病，否则杂乱不会对任何人造成危害。很多没有条理的人能在外界看似混乱的环境中找到自己想要的东西，比如他们知道钥匙在哪儿，圣诞小饰品在地下室的哪个角落，哪本书在哪一堆书里，等等。

这完全取决于你和家人的感觉，只要你们觉得舒服就行。为了不让家里太过凌乱而导致你们找不到东西，家里的环境需要在多大程度上保持整洁？尽管这听起来可能很极端，但这个问题的答案就是你们应该遵循的准则。有些人喜欢极其干净整洁的环境，并满怀激情地给每一个收纳箱都贴上标签；有些人则喜欢把物品都堆在身边，这样不仅一目了然，而且显得特别有生活气息。这不是评价，而是对各人喜好的客观描述。

通常情况下，如果家庭成员对整洁的看法不同，问题就会很棘手，而这种情况其实也很常见。不过，你和家人可以商量一下，制订一些大家都能接受的基本规则。毕竟，一旦家里有了孩子，整洁的程度总是会发生变化的。你可能不得不改变原来的习惯，降低标准。重新思考一下你们关于整洁的规则，或许也能帮助你放下那些来自自己或他人的、总是限制你或让你烦恼的过高的期望。

关于整洁的家庭规则

下面我们举几个例子来说明关于整洁的规则。很重要的一点是：你们自己决定什么适合自己、什么对自己有帮助。

► 晚上一起收拾客厅。你会非常惊讶地发现，年幼的孩子也能帮上忙。孩子在托育机构里会学习如何收拾东西，如把积木收回盒子里，把书放进书柜里，等等。孩子越大，他能帮上的忙就越多。从小做起，终身受益。

► 用积木搭建的城堡等展示型玩具应放在家庭成员活动较少的房间，如孩子的卧室、书房等。

▶ 为重要物品（如钥匙、钱包等）设置固定的存放位置，每个人都应遵守。可能的话，指定一个地方，比如玄关，专门用于存放回家或离开家时需要随身携带的所有物品：可以把钥匙挂在挂钩上，把帽子、手套和围巾放在抽屉里，把外套挂在柜子里，还可以在那里换鞋。

▶ 制订一些基本规则，比如：在家要穿拖鞋；湿毛巾要挂起来；孩子卧室的地板晚上必须收拾干净，没有障碍物，这样孩子夜里叫你时你能很快且安全地来到他的身边；吃剩的食物必须直接倒进垃圾桶；厕所里的污渍要随手清理；脏衣服直接放进洗衣篮，等等。

▶ 把家里收拾得干净整洁的回报是所有家庭成员拥有一个舒适的生活空间，因此，你无须给孩子买冰激凌或新玩具作为奖励。

▶ 孩子的房间最好让孩子自己收拾。孩子越大，就越要让他自己收拾。就算有时孩子收拾得不尽如人意，但只要他有这个意愿就很好。可以在箱子和抽屉上贴上孩子喜欢的标签或图画，这有助于他整理收纳。

▶ 把不用的东西收好。在这方面，你要给孩子做出好榜样。

▶ 抽屉里、墙角、沙发下面……家里有些地方似乎永远也收拾不干净。你如果接受这一点，甚至能把这些地方看作迷人的"混乱岛"，就会发现自己更容易接受它们的存在。

▶ 明确责任，比如，一个家庭成员负责衣柜，一个负责浴室，以此类推。这样可以减轻你的负担，并且每个人都会意识到自己对保持生活环境干净整洁负有责任。

🔧 定期更换玩具

你可以定期更换玩具，也就是把一些玩具收起来（如放在地下室、阁楼、储藏室、车库里等）。这样做一方面会减少玩具的数量，另一方面孩子也会很高兴，因为如果玩具几周或几个月轮换一次，之前玩过的"旧"玩具似乎就像新的一样。毕竟，在一段时间里通常只有一小部分玩具会被拿出来玩。这样做一举两得！

有了这些规则，你的家是不是看起来还是很乱？这也没什么大不了的！家本就是生活的地方，就应该到处是与生活相关的东西。找到自己的生活方式，不要担心它与你的朋友或父母的方式不同。杂乱不是罪，只是暂时的状态而已！即使有时家里的卫生状况不能如你所愿，也并不意味着情况会永远如此。你的孩子会长大，玩具可能会在某一天从客厅搬到儿童房，你们总能一起找到新的解决方法，让生活环境更加舒适。家人一起整理物品或淘汰一些物品也是一件有趣的事情。愿意的话，你们可以定期安排这样的活动。

一尘不染还是顺其自然？

在大多数情况下，灰尘和杂乱一样，都不会造成危害！至少按照我们当前的卫生标准，情况确实如此：我们周围99%的细菌都是无害的，并不会让我们生病，它们只是我们生活环境的一部分。细菌等微生物甚至还发挥着重要作用，比如对免疫系统的运作起调节作用。然而，在现实生活中，人们往往忽视这一点，过于注重干净整洁。德国是真正的"清洁卫士"。2017年，德国人一共花费了

109.5 万欧元购买清洁产品，其中大部分都是没有效果的。看看你的柜子，里面有多少种清洁产品？你经常使用哪些？真正需要哪些？广告试图让我们相信，我们的生活环境必须是无菌的。但这不可能实现，而且也没必要。

看起来干净就够了

你的清洁频率与你家中的无菌程度并不完全相关。很多研究对清洁频率"正常"的人的环境和每天进行多次清洁的人的环境进行了比较，结果表明，二者家中存在的细菌量基本相同。因此，只要看起来干净就行了。听起来不可思议？事实的确如此，频繁清洁大可不必！

细菌是生命的一部分！一汤匙土壤中微生物的数量可能比地球上的人口还要多。

那么，为什么无论我们是否经常吸尘、扫地或拖地，都会自责呢？为什么打扫房间对我们中的一些人如此重要，而其他人却觉得灰尘和杂乱是可以忍受的？为什么有时仅仅是看到吸尘器和拖把，你就会自责？

有意识地什么都不做

你相信吗？就算什么都不做，也不会发生什么严重的事情。试试看吧。

▶ 在下次客人来访之前都不收拾房间。

▶ 将打扫浴室的计划推迟一周。

▶ 晚上不收拾被孩子们弄乱的东西。

如果家里乱糟糟的，不收拾什么最让你难受？记住你的答案，然后故意忽视它，看看会发生什么。很可能什么也不会发生。

减少清洁挫败感的小窍门

使用家务管理类应用程序，减轻精神负担

有很多应用程序可以帮助你安排清洁工作。你可以设定非常详细的单项任务，将它们分配到各个房间或区域，并给它们设定一个截止日期。这样做的好处是你可以根据自己对清洁的理解来调整任务，不必再费力记住什么时候该做什么，只要等着程序提醒你即可，而且你可以在完成某项任务后很快地将它划掉，这会让你非常有成就感。使用这种应用程序的另一个好处是，如果你拖拉，任务就会停下来直到你完成它。这样的工具不会给你带来压力，可以让你的清洁工作变得轻松。

制订清洁计划

将"大扫除"纳入每周计划。要么设立一个全员大扫除日，让所有家庭成员一起进行基本的清洁工作，要么每天完成一定的清洁任务。

拒绝拖延

今天能完成的事情不要拖到明天。比如洗碗，可能的话，吃完饭立即将碗碟放入洗碗机或立即清洗。又如，洗完澡后立即将花洒或浴缸擦拭干净，这样可以省去日后用除垢剂去除水垢的麻烦。

▶ 让智能家电成为你的好帮手：如果经济条件允许，你可以考虑购买扫地机器人、吸尘器之类的智能家电，它们可以在常规清洁工作上为你节省很多时间。这些家电的价格越来越

低，性能也越来越好。

▶ 雇用家政服务人员：是否雇用家政服务人员取决于你的经济状况。你不必因为请人帮忙做家务而自责，尤其是当打扫卫生要花费大量时间，而你又经常因为很多东西乱放而痛苦不堪时。有了家政服务人员的帮助，你就能松一口气了。没有人必须独自完成所有的事情。如果能够得到这种帮助，那就安心接受吧。选择家政服务公司时，最好货比三家，确保物美价廉。

只要你喜欢，做什么都可以

如果你喜欢每周都别出心裁地烤一个三层蛋糕，如果你喜欢一边熨烫衣服一边漫无边际地想象，或者如果你喜欢把清洁作为首要任务，不要为此自责，即便你还有更重要的事情需要做。只要你不被小评所左右，而是乐在其中，轻松地去做这些家务，那就放手去做吧！你可以做任何事情，没什么事是必须做的。

小评和小友的对话

小评： 你看到了吗？今天家里实在太乱了！

小友： 是有一些乱。她没来得及收拾。不过还好吧，大家都没觉得不舒服。

小评： 在这么脏乱的地方吗？

小友： 不是脏，只是有些凌乱。两者之间没有必然联系。我也希望这里更整洁一些，但她有其他更重要的事情要做。

小评： 打扫卫生也是很重要的事啊！

小友： 她经常打扫卫生。即使不打扫，也没有人会因此生病。她也很烦恼，但不打扫并不是什么会带来危险的事情。家里的每个人都已尽己所能，这就够了。

小评： 是啊，是啊，说得真好。她在家里什么都干不好。她的朋友一会儿就来做客了，看到这么乱会怎么想？她的朋友就总能把家里收拾得干净整洁。

小友： 是的，因为对她的朋友来说，干净整洁很重要，因为朋友的妈妈总是很挑剔。不过，她的朋友很喜欢来这里，对这里的杂乱似乎并不介意——要是介意的话，她就不会来了。等着瞧吧，什么事都没有。

第六章 6
与伴侣的关系

Täglich
gri
das S
G

你不仅是妈妈，还是妻子。有了孩子后，你的生活压力可能会很大，因为很多事情都和孩子出生前不一样了：家务活可能更多了，需要合理分配；你需要挤出时间来和伴侣过二人世界，甚至连夫妻生活也需要规划。在本章中，我们会为你提供一些建议，帮助你在不自责的情况下处理这些问题。

孩子出生是一件非同寻常的事情。有了孩子后，即使是最稳定的夫妻关系也会不时受到冲击。你的生活会发生 180 度的大转变，很多生活习惯可能与没有孩子时完全不同。不仅你需要学习如何做妈妈，你的伴侣也需要学习如何做爸爸。养育孩子的艰巨任务，随之而来的限制和约束，疲惫、紧张、担忧和害怕……所有这些都会让你和伴侣产生误解甚至发生冲突。在做伴侣和做父母之间寻找平衡，往往是很困难的。难怪你会经常自责，觉得对伴侣有亏欠。他可能也有同样的感受。

就算你们总体上来说对彼此感到满意，也可能会在一些小问题上发生冲突，并为此自责。作为夫妻，你们仍然是对方最重要的情感支柱。孩子出生后，你们的感情可能会更好。

为了维系你们的夫妻感情，我们将在以下几节中探讨小评特别喜欢介入的、容易让你自责的几个方面。

"救命！我们总是吵架！"

孩子出生后，你可能就会发现，你和伴侣的关系发生了变化。幸运的话，产假期间你可能感觉有点像在度假，但现在，你可能不得不成为一个全职妈妈，而你的伴侣也突然成了"养家糊口的人"。无论你是否重返工作岗位，你们的关系都会发生变化。更重要的是，你会面临一系列新的挑战，对此你有时会准备得很充分，有时却准备得不那么充分。

你可能会觉得工作和照顾孩子无法兼顾，事实也的确如此。或者你觉得自己要一直不间断地照顾孩子、做家务、一切以家庭为主，这实在是太难了。对此，你可以（希望是这样！）要求伴侣给予你更多的支持，但这可能会让你非常自责。因为你认为，这是你自己选择的生活方式，你原本确信自己能够很好地应对有了孩子之后的变化。现在你怎么能让伴侣承担更多的工作呢？此时小评的批评对你来说更是雪上加霜："**他已经在尽力帮忙了，已经比身边很多父亲做得多了。关于孩子出生后的事情，你们之前已经做好了计划，而且都是说好了的。**"或许你们之前没有讨论过这个问题，你觉得自己现在提出来就好像是在找茬，你又有什么权利抱怨自己负担太重呢？

精神负担的症结

你当然有权利！你事先根本想不到真实的家庭生活会是什么样子，家庭成员会有哪些需求，也想不到你们要如何应对自己的新角色。即使是那些事先细致讨论过的夫妻，有时也会被现实吓一跳。这不仅会发生在产后不久，而且会一再发生。新的挑战不断出现，比如当孩子开始上幼儿园或上小学时，当你重返工作岗位时（见第112页"救命！我（不）想重返工作岗位！"），或者当你的家庭不断壮大时（见第192页"救命！我的孩子们经常吵架！"）。这正是你们需要重新分配任务和责任的时候。我们（以及小友）想说的是：即使你对目前的状况不满意，也请你不要自责。要有勇气和你的伴侣讨论这个问题。你们可以一起审视一下是否所有的人都感到开心。这是你们共同的责任。

你感到负担过重的原因往往是分工不合理。这并不一定指的是某些具体的任务，更多的时候，指的是精神负担，而这种负担主要出现在妈妈身上。

精神负担的来源

　　精神负担源自家庭生活中所有潜在的任务，这些潜在任务是指为了完成最终任务而必须提前（或事后）做或提前考虑的、隐藏在最终任务背后的所有工作，比如抚养孩子和做家务过程中的做计划、组织协调等。这部分工作特别繁重，因为它比表面上看起来的要多得多，而且往往不被重视。

　　如果你是家里操心所有事情的人，比如你要负责预约办理各种事项、张罗生日聚会、购买衣物以及与育儿有关的一切事宜等，那么就可以认为，你和伴侣承受的精神负担不均衡。出现这种情况的一个表现就是你很羡慕你的伴侣，羡慕他有更多的时间来做自己的事情，也有更多的时间来发展自己的事业，还比你更加悠闲。也许这种情况对你来说并不陌生。你是否也曾希望自己能像伴侣这样，早出晚归，工作 8 小时？因此，你如果感到力不从心，根本没有必要自责。

　　养育孩子需要很多人的努力，没有人可以在孤立无援的情况下做到这一点。当出现这种不均衡时，也难怪你会羡慕伴侣。如果你们从未讨论过这个问题，那么你就不会了解伴侣实际上的精神负担，就像他也不知道你的精神负担一样。如果正视这个问题，你们可能会发现它并没有想象的那么严重。就算问题比较大，你们也可以一起努力做出改变。

重新分配造成精神负担的任务

如果你们夫妻已经到了必须重新分配任务这一步，那么最重要的事情就是讨论怎么做。在这个过程中，你们必须坚持下去，虽然刚开始的时候有些困难，但慢慢地你会感到轻松。同时，如果你们能保持沟通，你们对对方的满意度也会不断提高。你们之间的交流越少，就会对对方越不满意，冲突也会越频繁。

🖉 重新分配任务

1. 归纳总结原有的任务分配情况

一起坐下来，尽可能详细地列出你们所有的任务（包括可能造成精神负担的任务）。使用 Excel 电子表格、纸质表格或者手机应用程序等都可以，重要的是把所有烦人的事情都写下来。你们可以慢慢写，并且可以不断补充，因为要一下子想出操持一个家需要做的所有事情，几乎是不可能的。

接下来，在每项任务旁边写下通常由谁负责。对于你们一起做的事情，可以把你们的名字都写上。可以用 3 种不同的颜色或符号来标注。

2. 明确需求和愿望后，再分配

这份任务清单可能很长，但它会让你更好地了解任务是如何分配的。请记住，分配任务的时候不一定非要对半分，但谁都不应该处于明显的劣势。**每个人的性格特点和能力各不相同，擅长的事情也各不相同。**你可能需要的睡眠时间更少，你的伴侣可能更能忍受噪声。因此，请坦诚相待，让对方了解自己的强项和弱项，最重要的是让对方了解自己的极限在哪里。

人们通常认为，在外工作时间更长的那个人（通常是男性）已经为家庭做出了很大的贡献，而那些只是兼职工作的女性仍有很多时间可以用来做家务。不是这样的！你一定不能有这样错误的想法。假设你每天兼职工作 4 小时，那么在剩下的 20 小时里，除了做家务，你还需要休息，还要照顾孩子，还有很多其他事情要做。况且，不管你做多少家务，你的伴侣也需要承担家庭责任。照顾家庭和在外工作挣钱同样重要！

接下来，你们可以谈谈感受。你们在哪些方面觉得不公平？你们希望在哪些任务上得到更多的帮助？你们有哪些需求？哪些需求被忽视了？

3. 开始分配任务

只有完成前面两步，你们才能真正开始分配任务。分配任务时要考虑你们各自的喜好，但同时要确保不能把所有耗费时间的任务都分配给一个人，而另一个人则只需完成那些"轻松"的任务。还要注意谁没有足够的能力完成某些任务，或对某些任务特别抗拒，这样的任务就不要分配给他。分配任务时还应考虑精神负担的问题。因此，**真正的公平不是体现在任务数量上，而是体现在工作量上。**你们也可以轮流负责某些任务，或者在一段时间后交换任务。也可以找一些想一起做的事情，比如一起准备生日聚会。关于任务分配的问题肯定需要花很长时间来讨论，但你们要坚持下去。你们越是对任务的分配感到满意，你们的分工协作就越持久，你们的夫妻关系也就越和谐。

4. 坚持到底

接下来就需要把分工付诸实践。你们应该定期检查分工是否依然合理：总体情况是否发生了变化？是否增加了新的任务，而这些任务已自动由你们中的某一个人来承担，从而导致现在这个人的工作量更大了？你们是否仍然不完全满意？某些任务是否比预期的更繁重、更耗费时间和精力？分配任务的工作永远没有完全结束的时候，但你们在分工上的实践会为后期的调整打下良好的基础。

虽然听上去很和谐，但分配任务往往会引发争吵。即使你们已经很好地分配和规划了任务，一方也经常会感到自己处于不利地位，或没有得到足够的重视。任务过重的一方往往会认为伴侣没有给自己提供足够的帮助，不能减轻自己的负担。这是不可避免的。

挑头的那个人往往在争吵前、争吵过程中和争吵后都会自责。接下来，我们来探讨争吵的问题。

当争吵发生时

引发争吵的原因通常可能是任务分配不均，也可能是误解或是孩子出现了某些特别棘手的情况。这些原因可能是具体的事情（如你的伴侣比约定的时间晚回家），也可能是假性冲突（如你的伴侣在工作中遇到麻烦，把气撒到你身上），甚至是原则性问题（"我是对的，你是错的"）。最后一种通常是在无意识的情况下发生的。如果你和伴侣因为他犯了原则性错误而争吵，这会对你造成最大的伤害。这种伤害远不止争吵这么简单，隐藏在争吵背后的，是你觉得没有得到尊重，你对伴侣和家庭的付出没有得到应有的重视，也没有得到你所需要的认可和关注。（顺便说一句，你的伴侣可能也有同感。）

即使你们总体上对彼此的关系感到满意，但可能还是有很多时候会争吵，比如：

- 当你们不能充分发挥自己的能力时。
- 当你们没有休息好时。
- 当你们心理压力过大、疲惫不堪时。
- 当你受经前期综合征困扰时。
- 当你们都很饿时。
- 当孩子要求很高时。
- 当你们在健康或经济方面承受压力时。

即使没有"助燃剂"，你们有时也会生彼此的气，觉得自己受到了不公平对待。但这时你们通常能较好地控制自己的情绪，理智、冷静地处理冲突，并适当地进行交流。在这种情况下，你通常不会自责。我们这里说的争吵，主要是那种让人不舒服的、激烈的争吵，在这样的争吵中，你们有时会说一些事后会令自己感到后悔的话。它对你们的关系弊大于利，是具有破坏性的冲突。

例如，当你因为伴侣干活太少而与他争吵时：

- 如果你们都想找到真正能够解决问题的方法，都能倾听对方的意见，并承认自己的错误，那么这样的争吵就可能是有益的。
- 这种争吵可能说明，任务的分配不是问题所在，而是你的任务带给你的压力过大，你需要发泄。

- 如果你们只是互相指责，并希望在讨论中"获胜"，那么这样的争吵可能就是破坏性的。

- 如果你们中的一方想证明在做伴侣这件事情上，自己比对方做得更好，那么争吵就可能演变成一场比赛。这可能是因为你的伴侣小时候就一直被父母约束，获得的自由比较少，又或者你在成长过程中一直都不喜欢别人来指手画脚。

在这种破坏性的冲突和"权力之争"中，你们可能会贬低和侮辱对方。这样的冲突会让你们很难高兴起来，并经常为此自责。在这种情况下，自责往往是一件好事，因为它会让你们相互道歉和（或）寻找补救的办法。你可以从"救命！我总是忍不住骂孩子！"（见第 156 页）一节中了解如何去做。与孩子打交道的方法同样适用于成年人，只是语言要与年龄相适应。

你们彼此相爱，不想伤害对方。尽管如此，在这种破坏性的冲突中，伤害还是会发生。可能是因为你们承受着巨大的压力，也可能是因为你们身体不适，又或者因为你们各自童年时期的创伤浮出水面，需要你们去关注。事实上，当你们从情侣变成夫妻时，你们的相处模式可能已经发生改变：对彼此不再有顾虑，争吵可能会更激烈。此时，小友会在你身边，帮助你冷静下来，让你不要过于自责，因为通常情况下，是环境迫使你这样做的。

沉默是危险的

争吵之后你们通常都会心情不好，并且感到后悔。你可能已经知道了，避免争吵的最好的方法就是沟通。

如果你们不跟对方说话，不告诉对方自己的感受和愿望，也不告诉对方这一天发生的事情，让这种无话可说的状态成为常态，那么就很难建设性地解决冲突。因此，你们要沟通，谈论一切令你们感动、烦恼、高兴的事情，而不仅仅是孩子、家务和水电费。这不仅对你们的感情和家庭很重要，也给谈论其他话题创造了机会。

🔧 主动沟通

你和伴侣无话可说了吗？试着重新开始交谈吧。

▶ 你们可以专门留出时间交谈。或许走出家门是个好主意，比如散步往往会让交谈更容易。

▶ 努力去倾听，即与对方充分交流，不要指责、辩解或反驳。

▶ 遇到不明白的地方就问，或用自己的话重复对方所说的话。这两种方法都可以避免误解产生。

▶ 当你理解了伴侣想要表达的意思和（或）他的感受时，要向他确认你的理解是否正确。

▶ 如果你们还不想或还不能讨论那些"棘手"的问题，那就找一个你们能够谈论的话题。暂时不要考虑你们之间出现的问题，开始交谈吧！

偶尔吵架也并不是什么坏事。**冲突是人际关系的一部分**。只要吵过之后能道歉，那么偶尔发泄一下情绪也是可以的。坚持自己的需求是正确并且非常重要的，即使有时这会引发争吵。吵架时，你如果声音很大，甚至不讲道理，那就要在事后道歉，请求伴侣的原谅。幸运的是，我们往往都有机会做出补救。在一段关系中，没有人是完美的，犯错是人之常情。

如果在与伴侣相处的过程中你真的非常不开心，或是分工对你们来说完全不可行；如果争吵变得一发不可收，而爱却被搁置一旁，那么请考虑一下你们的关系是否存在极大的问题，需要第三方介入调解。一个能倾听你们双方心声、认真对待并能调解你们关系的人，往往能缓解你们的紧张关系，因为你们都知道有人能倾听自己的诉求。

为了避免争吵失控，你们夫妻俩需要花时间过二人世界。我们将在下一节谈到这一点。

小评和小友的对话

小评： 她在夫妻感情中真的不容易满足。她应该更懂得感恩。她丈夫昨天还倒了垃圾，今天又陪孩子在操场上玩了一个小时。

小友： 是的，他是帮忙了，但说实话，那也是他的义务。她很不开心，因为她不仅要干大部分的活儿，而且满脑子都是家务事。你知道的，每天都有很多事情……

小评： 但是，和其他丈夫相比，他简直就是"梦中情人"。

小友： 跟别人比有什么意义？重要的是他们夫妻俩相处融洽。而她现在并不总是这么觉得。

小评： 她经常指责他。她总是在找碴。

小友： 她不是在找碴，有时他们会发生冲突，这很正常。她只是想和他讨论分工的问题，而不是指责他。

小评： 那他们一定要在孩子面前讨论吗？这样不好。

小友： 她一直都在找其他时间，能让两个人坐下来好好谈一谈。不过，只要他们能做到公平公正、彼此尊重，有时也是可以当着孩子的面讨论甚至争论的。孩子也需要学习如何正确地争吵，并且知道在争吵后如何和好。

"救命！我们没有时间陪伴彼此！"

在生孩子之前，与伴侣共度二人时光是很正常的事。外出就餐，看电影，依偎在沙发上，度假，旅行，散步，等等，你们可能都不觉得这些是什么了不起的事情，它们只是很自然地发生了。当然，那时你们也需要讨论你们要一起做什么、何时做。然而，有了孩子，情况就不一样了。

当你们从一对情侣变成一对父母时，属于你们自己的时间就会大大减少。你们经常要拿着放大镜寻找可以过二人世界的时间。就算找到了，你们也往往会选择窝在沙发上，而不是外出。**日常生活琐事让你们失去了过二人世界的时间**。有时你们都很高兴能拥有属于你们俩的宁静时光，或者你们都为没有时间陪伴对方而自责，这是因为你们有很多需求，比方说：

- 你的伴侣可能会说他需要更多属于自己的时间，而你可能觉得自己被忽视了。
- 你想拥有属于自己的时间，从而选择带着自责躺在浴缸里（此时小评会在你耳边指责你太自私了）。
- 你的伴侣有时可能会沉浸在一本好书中，因为他需要从工作和日常生活中抽身出来，需要精神上的休息，但这样他又会因为没有和你一起共度休息时间而自责。

诸如此类，不胜枚举。

你们要明白，你们的这些需求是合理的！事实上，有些人需要更多属于自己的时间，有些人则更喜欢与伴侣在一起，这是一个与性格、喜好和习惯有关的问题。有些人喜欢独处，有些人则喜欢有人陪伴。对有些人来说，睡觉前与伴侣拥抱一下就足够了，有些人则希望与伴侣共度很多时光，即使生活压力很大。现在的问题在于，有了孩子后，你们两个人的时间都非常紧张。如果有足够的时间，你们就可以像没有孩子时一样，既有属于自己的时间，又有过二人世界的时间。没有人需要为休息而自责。有了孩子后，生活琐事增多，生活压力增大，你们的亲密关系可能会受到影响。小友希望你们能减轻心理负担，因为这些情况能在一定范围内得到控制，并且会经常发生变化。

挤出时间过二人世界

成为父母后，会有很多事情导致你们争吵。你们可能会更频繁地争吵，陪伴对方的时间也会减少。正因如此，挤出时间过二人世界，以此维系你们之间的关系就显得尤为重要，这样你们会更快乐，孩子也会从中受益。不过，重要的是，你应该享受这段时间，而不是将其视为一种责任或负担，认为它是从你的"属于自己的时间"账户中支出的时间（见第123页"救命！我要尽情享受属于自己的时间！"）。

属于自己的时间与二人时光

享受属于自己的时间和二人时光都很重要，它们是你、你们夫妻和全家幸福的基本要素。因此，我们强烈建议你既要留出时间独处，也要安排时间与伴侣过二人世界，这么做是值得的。如果你有属于自己的时间，却没有与伴侣相处的时间，那你就缺少了某些东西。反之亦然。至于怎么安排这两种时间，取决于你们的需求。请你们一定要找时间聊一聊各自的需求，相信你们一定能找到平衡的办法。你们的交谈越坦诚，自责就越少。最重要的是，你们要把自己的需求告诉另一半。即使你们的需求最终没有全都得到满足，但你们知道自己的需求得到了关注。

建议你们至少每月一次，甚至每周一次讨论你们的日程安排，即使这听起来不是很浪漫。无论如何这都是明智之举，而不仅仅是为了挤出时间过二人世界。你们可以在每周一次的讨论中商量如何分配所有的待办事项和责任。这也应包括明确安排时间过二人世界。例如，决定一周中哪些晚上是你们想各自度过的，哪些是你们想一起度过的。更正式的约会之夜最好提前计划，以便安排别人来帮忙照看孩子。根据你们获得外界支持的程度，你们可以每周、每月或每季度约会一次。约会频率取决于你们的愿望，也取决于时间安排上的可行性。

如果孩子现在还需要全天候黏着你，那么请放心，随着孩子逐渐长大，情况会有所好转。如果在某些时候，你确实没有时间或精力过二人世界，也不要自责。你不必为了和伴侣一起看电影或出游而用尽力气让自己保持清醒。有些时候，过二人世界的需求根本无法得到满足。尤其是孩子刚出生的时候，维系夫妻间亲密关系这件事会被忽略，但这并不会直接破坏你们的关系。

在家亲密互动

你和伴侣可以谈谈你们想怎么过二人世界，努力挤出一些时间来维系你们的亲密关系。这将帮助你们度过那些困难时期。例如，时不时给对方一个吻、一个拥抱，说一句情话，或是深情地凝视对方的眼睛。这当然不是真正意义上的二人世界，尤其是在孩子缠着你们的时候。但此刻，你们在交流感情。在这样的时刻，**你们作为夫妻和作为父母的感情美妙地融合在一起**，两种感情得到了互补。

- 和对方说"早上好"。

- 真诚地询问对方今天过得如何。

- 当出现特殊情况时，帮助对方完成任务。

所有这些都能让你们感觉自己是一个团队，并享受你们之间的爱。有时，正是这些微不足道的举动消除了一整天忙碌带给你们的疲惫感。你们是"最佳搭档"。

如果你们下班后有时间，比如孩子独自睡觉时，或者在晚上（甚至是早上或者中午）有一个或几个小时的独处时间，那么就要好好利用。你们可以放下家务，暂停工作，有意识地花时间与对方在一起。

如果你们还有精力一起看一部电影，那就依偎在电视机前好好欣赏吧。如果还有更多的精力，想想你们还可以一起做些什么，比如玩桌游、运动、聊天、拼拼图、烹饪等。是的，这其中一些事情听起来可能比你们在有孩子之前共同做的很多事情都要无聊。但你们要把握好时机，同时也不要给自己施加压力，因为你们以后还有机会。在找到下次共度美好夫妻时光的机会之前，你们也可以一起笑着自嘲你们像粘在沙发上一样，过着"老夫老妻"的生活。

外出约会

你和伴侣能否实现外出约会通常取决于是否有人帮你们照看孩子。你们需要利用自己的社交网络，为自己创造外出约会的机会。不要因为向他人求助而自责！大多数人都愿意提供帮助。保姆和孩子都会为你们能共度时光而感到高兴。如果你的孩子和他信任并让他感到舒服的人在一起，你应该感到高兴。最理想的情况是，每个人都能从中获益：你们夫妻、你们的孩子以及照看孩子的人。

🔧 建一个临时保姆群

达妮埃拉·阿尔贝特（Daniela Albert）就如何在需要的时候找到合适的临时保姆提出了一个特别好的建议：建一个临时保姆群。你可以通过聊天应用程序把所有潜在的临时保姆拉到一个群里，并提前做好你们夫妻外出约会的计划。例如，如果你们夫妻打算每半年外出过一次二人世界，你们就可以确定好日期，然后看看要找哪一个保姆。这样，每次外出约会你们都能找到合适的人选，也就可以没有后顾之忧地期待更多的约会了。

如果你们愿意，可以让孩子习惯与爸爸妈妈以外的人独处。他可能从小就习惯了这样，比如爷爷奶奶可以经常帮你们照看孩子，那事情会容易些。但是，就算你们没这么幸运，也不必放弃外出约会的机会。你们也可以请临时保姆，让孩子慢慢适应这种由他人照看的生活，就像让他适应托育机构的生活一样。这需要更多的时间和耐心，也需要花钱。但只要你们能度过一个自由且不受自责困扰的约会日，这种投资就是值得的。

　　一旦日期敲定，照顾孩子的人也找到了，你们就可以出发了！这一次，你们可以远离一切，身边没有婴儿监视器，也不用担心孩子会马上醒来。

✎ 约会不一定非要在晚上

　　即使你的孩子在没有爸爸妈妈陪伴的情况下入睡非常困难，也不意味着你们要放弃约会。例如，一起度过午休时间如何？如果条件允许，那就好好利用这段时间——通常情况下，孩子这个时间段正在幼儿园或学校。你们可以考虑将所有的夫妻共同活动都安排在白天，这样就不用担心晚上无法陪孩子睡觉了。

最理想的情况：共度周末和假期

　　诚然，我们的最后一个建议并不适合所有的夫妻。有时是情况不允许，有时是因为你们不想离开孩子那么久。但你们如果有这个意愿，并且也安排好了孩子的看护工作，那就可以考虑一起出去玩几天了。城市观光、疗养、海滩度假……有无数种选择。许多经常这样做的夫妻都对此赞不绝口。此时，你们有很多完全属于自己的时间，而且可以不受家里其他事情的干扰。这样的假期能让你们放松，恢复精力。当然，你们需要一个值得信赖的看护者。孩子越大，这种长时间的夫妻度假就越容易实现。

　　如果这不是你想做的，不要强迫自己；如果这正是你想做的，也不要自责。不要在意别人因为你"把孩子独自留在家里那么久"而说你是"坏妈妈"。孩子并不是独自在家，而是和另一个你们都信任的、充满爱心的看护者在一起。小友认为这没什么好指摘的。并且小友赞成你这样做，理由是：在休假后，你们夫妻俩会重新充满能量，从而更好地面对生活中新的挑战，孩子也会在很多方面受益。

🔧 出现意外情况怎么办？感到失望也没关系！

你已经期待了好几个星期去听音乐会，或是你们刚在喜欢的餐厅预订了位子，但就在你们准备离开时，孩子发烧了。今晚的所有安排都泡汤了，你只能在家照顾生病的孩子。你可能会觉得惋惜、伤心甚至有些生气，紧接着你就会自责。**"你怎么能对生病的孩子生气呢？你真是个自私的妈妈！难道他不比什么狗屁电影或一顿饭更重要？!"**小评时刻准备着批评你呢！

有了孩子后，经常会出现一些意想不到的情况。例如孩子病了，或是照顾他的人临时有事来不了，又或是孩子离不开爸爸妈妈，等等。要习惯这种种意外是很不容易的。当你的愿望因突发情况不能实现时，失望是可以理解的。没关系，你有这样的感受是合情合理的，这并不代表你不够爱你的孩子，也并不意味着你把自己的快乐看得更重要。它只是说明你非常期待与伴侣共度美好时光，以及这段时光对你有着重要的意义。请和伴侣分享你的失望，而不是为此自责。你们互相倾诉之后，也向对方传达了一个信息，那就是你们对彼此都非常重要。请记住：延期并不意味着取消。

小评和小友的对话

小评： 她今晚是不是又想躺在浴缸里，而不是和丈夫一块儿做些什么？

小友： 是的，她今天想泡个澡。就算她勉强自己和丈夫在一起，他也不能从一个状态不好的妻子身上得到任何好处。没关系，他们俩已经计划好下次过二人世界的时间了。

小评： 是又找了一个保姆吧？有这个必要吗？

小友： 有！你是什么意思？他们当然得找人照顾孩子。

小评： 他们应该趁孩子白天上幼儿园的时候去过二人世界。

小友： 条件允许的话当然可以，但那也不能取代他们晚上的约会，这对他们很重要。

小评： 所以其他事情就要被忽略？

小友： 是的！他们要分清主次。夫妻二人有自己的约会时间是很重要的。你刚才不是还在责怪她没有留出足够的时间给丈夫吗？！

小评： 他们不能在日常生活中做一对爱人吗？

小友： 他们已经这样做了啊！你没看到今天早上她的丈夫拥抱她了吗？这些小举动也很重要，不一定非得是惊天动地的特殊活动。但有时夫妻之间确实需要一些别出心裁的浪漫，至少对他们俩来说是这样。

"救命！床上太冷清了！"

即使你和伴侣愉快地度过了二人时光，但仍有一个非常重要的、大家都心知肚明却缄口不提的细节需要注意，那就是你们的夫妻生活已经发生变化。研究表明，孩子出生后，很多夫妻的性欲会下降。因此，如果你也有同样的情况，也不必感到羞愧，这是完全正常的。对很多为人父母者来说，要想摆脱这种状况并协调伴侣双方的需求是很不容易的。尤其是女性，由于在分娩后（暂时）失去了性欲，她们往往会产生强烈的负罪感。你是否也有同样的感受？接下来我们将探讨夫妻生活出现问题的原因，并为你提供一些建议，帮助你按照自己的节奏和需求过上更满意的夫妻生活。

夫妻生活发生改变，但并没有变坏

在你怀孕之前，对于夫妻生活的频率和质量，可能你和伴侣已经磨合得非常好，或许你们之前甚至因为想要怀上孩子而增加了夫妻生活的频率。之后，夫妻生活就会逐渐减少，甚至完全没有，这可能发生在你怀孕期间，但大多发生在孩子出生后。很多人的夫妻生活在妻子分娩后无法恢复到之前的状态，特别是在孩子出生后的前 3 个月，甚至是前 6 个月。当然，这也不能一概而论，肯定也存在其他情况。你是否正在为这个问题而苦恼？并不是只有你一个人这样！2/3 的年轻父母都表示，他们的夫妻生活频率在孩子出生后降低了。但有趣的是，其中很多人表示，有了孩子后，发现对方变得更有吸引力了，夫妻感情也因此变得更加深厚了。那么，为什么他们的夫妻生活频率还会降低呢？下面我们就来分析一下有了孩子后，夫妻生活频率降低的原因。

时间紧迫

第一个也是最明显的一个原因就是时间不够。你要喂奶、换尿布、哄孩子和努力睡个好觉，往往不可能挤出时间来过夫妻生活。对夫妻二人来说，随意的夫妻生活并不是一个好的选择，尤其是在孩子还很小的时候。

生理原因

重要的一点是你必须面对身体的各种变化，而这些变化不可避免地会影响夫妻生活。

- 分娩造成的会阴撕裂或剖宫产缝合等伤口，通常会导致你在过夫妻生活时感到疼痛，甚至让你们根本无法过夫妻生活。
- 分娩后的乳汁分泌、排恶露和宫缩（产后恢复期）等也会让你感觉非常难受，根本无法过夫妻生活。

月子里可以过夫妻生活吗？

产后恶露一般需要 2~6 周排干净，在恶露没有排干净之前，过夫妻生活会给你（而不是你的伴侣）带来一定的感染风险，尽管这种风险比较低。在此之后，单从生理角度来看，你就可以过夫妻生活了（一定要使用安全套！）。会阴撕裂或剖宫产缝合伤口完全愈合也需要 2~6 周。

我们认为，重要的是要等到你准备好了再过夫妻生活。你需要为身体康复留出足够的时间。

- 即使你不再感到疼痛，也并不意味着你已经准备好再次过夫妻生活。这是因为哺乳期女性体内的催乳素会增加，从而降低了性欲。这个责任不在你！小友想告诉你，你无法改变这个事实。
- 雌激素水平降低也会导致一些女性阴道干涩。
- 很多女性在排卵期前后性欲最强，但在月经前的几天（有时在月经期间）几乎毫无性欲。还有的人则在月经期间性欲更强。这也是因人而异的。
- 你全身的感觉可能都发生了改变。哺乳期的妈妈通常不喜欢别人碰她们的乳房，你可能也是这样。这可能会让你感到困惑，因为你之前会将乳房与性快感联系在一起。这也会导致在与伴侣的身体接触中出现奇怪或尴尬的时刻。这没什么好羞愧的。你可以向你的伴侣解释，并一起寻找新的性敏感部位。
- 当你与伴侣再次发生性关系时，你的高潮可能不会那么强烈，因为你的盆底已经因为怀孕和分娩变得松弛。
- G 点的位置也会随着阴道形状的轻微变化而改变。
- 除此之外，你还会经常感到疲惫不堪。研究表明，充足的睡眠，尤其是高质量的睡眠会提高性欲，反之则会降低性欲。

这些变化并非不可逆转。随着时间的推移，你的激素水平会恢复正常，伤口会完全愈合。只要停止哺乳，你的乳房通常就会重新变得不那么敏感。你们可以一起重新探索自己的性敏感部位。盆底肌训练是产后恢复的一部分，它不仅可以预防后续可能出现的问题（如膀胱无力等），还能增强快感，提高夫妻生活质量。

性欲减退可能会让你感到沮丧，尤其是当你的伴侣有更强的性需求时，你可能会感受到压力。实际上，你还在重新了解自己的身体和心理！你觉得自己有义务像分娩前那样配合伴侣过夫妻生活，这种"义务感"往往会让你自责。但是，你应该知道，给自己施加压力根本无济于事，往往还会导致性欲进一步减退。

✎ 向医生咨询

在某些情况下，性欲减退也有其他生理原因，如铁元素、甲状腺激素、维生素 B 或 D 等缺乏都会对性欲产生负面影响。如果你怀疑有这些方面的问题，请向医生咨询。如果你怀疑性欲减退是药物（如避孕药）的副作用，也请向医生咨询。

心理因素

心理因素对性欲起着重要作用。以下原因也可能导致你性欲减退或丧失。

- 给自己施加了过多的压力。当你经常在社交媒体上或生活中看到能够快速瘦身的身材完美的（新手）妈妈，看到关于产后什么时候可以过夫妻生活的文章，你一定会想，为什么你自己已经过了这个时间还完全不想。我们的社会要求我们在所有方面都表现出色。这就是为什么你会认为自己在床上也必须全力以赴。社交媒体上不切实际的形象和扭曲的观念会使你的自我价值感降低，从而降低你的欲望。

- 对自己身体的变化感到羞耻（见第 32 页"救命！我的身体发生了变化！"）。当你欣赏自己的身体，对自己感到满意，并同时喜欢自己的内在和外在，你就会特别有性欲。我们知道，做到这一点对你来说是很大的挑战。你如果还没有接受怀孕和分娩后的"新"身体，也就很难在夫妻生活中放开自己。即使你没有理由感到羞耻，这种感觉仍然会经常出现。你需要关注这个问题。

- 感觉被"过度接触"。这是因为，有一个甚至几个孩子一直和你黏在一起，也许还"挂"在你的乳房上。母子关系的一大特点就是身体接触，婴幼儿需要大量的身体接触，经常需要"挂"在你身上。身体接触固然很好，但对很多女性来说，在一天结束后，她们所能享受或忍受的身体接触已经达到了极限，此时她们会感觉自己的身体已经不属于自己，所以伴侣的爱抚有时就会让她们觉得不舒服。

- 作为妈妈，你压力很大，很疲惫。妈妈的压力在某些阶段可能大一些，在某些阶段会小一些。我们中的很多人很难让自己放松下来，但放松是享受性爱和产生性欲的必要条件。如果你精神紧张，骨盆往往也会紧张，阴道会干涩。快感源于大脑，对女性而言尤其如此。大多数女性需要放松下来才能过夫妻生活，而男性则倾向于为了放松而过夫妻生活。

- 你也可能是因为害怕失败而纠结。如果你不能像以前那样做自己想做的事情，该怎么办？如果你觉得自己不再有足够的吸引力，不再紧致（顺便说一下，这完全是无稽之谈！），不再享受伴侣喜欢的性爱方式了，该怎么办？又或者，如果你长期缺乏性欲该怎么办？这就是你给自己施加的压力。不要陷入焦虑的死循环中，想开点儿。如果你们的夫妻生活真的发生了变化，那你们就重新适应它！

- 你还需要适应自己的新角色，尤其当你还是新手妈妈时。如果你还不能把"伴侣"和"妈妈"，尤其是"性伴侣"和"妈妈"结合起来，你甚至有可能陷入一种角色危机。也许你需要很长时间才能重新适应"性伴侣"这一角色，因为它让你感到陌生，似乎与你作为妈妈的新生活格格不入。

- 另一个"性欲杀手"是伴侣间的矛盾。如果你们争吵不休，甚至只是潜意识里对这段关系不满，或者你们的感情出了问题，性欲就会受到影响。争吵（见第 234 页"救命！我们总是吵架！"）会造成紧张的气氛，这会对夫妻生活产生负面影响。

- 精神疾病，如（产后）抑郁症、创伤后应激障碍和职业过劳等也会导致欲望丧失。

- 分娩创伤也会影响性欲。你可以从"救命！分娩和我想象的不一样！"（见第 24 页）一节中了解更多相关信息。

你看，情绪状态会对夫妻生活造成极大的影响。不管是什么原因造成的，都不是你的错！初为人母时，你的情绪会非常不稳定，并且总是感到力不从心。缺乏性欲通常只是成为妈妈的"副作用"。家庭生活和夫妻生活都会经常发生变化，有高潮也有低谷，你们的夫妻生活也一样。你目前的状态很可能只是阶段性的，你不需要为此自责，更不需要担心。

但是，如果这种状态让你感到困扰，你也因此受到伤害，那你也不必委曲求全、毫无怨言地接受它。你可以找回自己的欲望，但绝对没有理由为缺乏欲望而感到自责，小友可以肯定这一点。你很难左右自己的欲望，而且你也没有责任必须满足伴侣的需求。不过，如果缺乏欲望让你烦恼，下面的建议或许能帮你重新找回欲望。

找回欲望

我们最关心的显然是你。有些男性在成为父亲后也会出现性欲下降的情况，有些还会因为妻子的分娩过程而受到震撼或出现精神创伤。但更常见的情况是，男性的欲望比女性的更强烈。如果你想重新找回欲望，以下建议可以帮到你。当然，如果对现状很满意，你不必强迫自己做任何事。不过，我们希望你和你的伴侣谈谈他对这种状态的感受。如果你的伴侣意识到他对你提出了过高的要求，他往往也会自责。

谈论性

沟通是解决很多问题的关键，包括夫妻生活的问题。由于种种原因，很多人都不会明确地谈论性。现在，请开始和你的伴侣谈论你们的性欲以及缺乏性欲的问题，谈论你们想得到什么、什么已经发生了改变。夫妻生活可以改变，喜好也可以改变。把这看作你们重新开始过上美满的夫妻生活的机会。如果你们之前就经常谈论这个话题，那就继续这样做。有时仅仅谈论某些细节就足够了，想象本身就能激发性欲。

探索你的身体

谈论性的前提是你知道自己的需求：你知道什么能给你带来快乐，什么能让你产生欲望。你能清楚地说出自己喜欢被抚摸的部位和方式吗？这可能已经发生了改变，因为你体内的激素经历了过山车式的变化，你的身体孕育了一个新生命。在这个过程中，你以一种全新的方式探索了自己的身体。幸运的是，你以一种非常积极的方式完成了这样的探索。但从消极的角度来看，整个过程可能也让你感到相当害怕和不知所措。大胆探索自己的身体吧，这既有趣，又能丰富你们的夫妻生活。

自慰

女性通常比男性更晚地开始自慰，而且她们也较少这样做。很多女性认为自慰是羞耻的，但这只是社会的偏见！自慰是一件美妙的事情，如果你喜欢，就去做吧！这也能让你更加欣赏自己改变后的身体。此外，性欲也像肌肉一样可以得到训练，或许你可以通过训练再次尝到它的甜头。说到肌肉，自慰也是一种很好的锻炼盆底肌的方法。

日常生活中的亲密接触

有了孩子后，人们往往很少有时间过夫妻生活，我们不得不承认这个事实。但夫妻间仍然可以有很多亲昵的举动，比如亲吻、拥抱、牵手，或是深情地对视、温柔地抚摸等。请积极尝试与伴侣进行身体接触。

安排性爱约会

这听起来比安排普通的约会更奢侈，但同样有效。提前规划或者临时决定都可以。一定要安排好夫妻生活的时间，不要有"一定要在这个时间段发生点什么"的压力。只要愿意为性爱创造时间和机会，你们就迈出了第一步。就算仅仅是有互相抚摸的意愿、愿意为彼此以及你们的夫妻生活抽出时间等，都是好的迹象。哪怕一开始进行得不顺利，或者你们觉得很尴尬，都没有关系。

无压力地拥抱

作为妈妈，你承受的压力可能让你在过夫妻生活时状态很差，即便你在分娩之前是有性欲的。或许你们夫妻可以尝试只是拥抱和互相抚摸。如果你的伴侣觉得两个人在一起只是为了性爱这"一件事"，那就和他谈谈这个问题。让他知道，你想在没有特定意图的情况下和他亲密一些。当然，当他的性欲远远大于你时，要实现这一点并不容易。或许你的伴侣可以在事前或事后为自己找到一些缓解欲望的措施，这样你们就可以更放松地在一起了。如果你的伴侣感到失望，可能是因为他觉得自己被你拒绝了。请让他知道你真的很享受和他在一起的时光。

以上所有这些建议中最重要的一点是：你不要因此给自己施加任何压力。

● 我们的建议仅供参考，你能做多少就做多少，按照自己的节奏来就好。就像生活中的很多事情一样，耐心是不可或缺的。

孩子会长大，你和伴侣会有更多的时间在一起，你的身体会重新属于你，你也会逐渐适应你的新角色。

● 善待自己，保持好奇心，不要因为别人的期望而限制自己。性可以让人获得满足感，但它不是生活的必需品。

● 可以的话，尝试用幽默的方式来面对性。

● 保持与伴侣的沟通，与他一起踏上新的夫妻生活之旅。很多人发现，当夫妻生活再次变得和谐，生活比之前更美好。

● 同时别忘了，有必要的话，你在这方面也可以寻求专业人士的帮助。

小评和小友的对话

小评：她又拒绝他了吗？他只是想抱抱她。

小友：是的，孩子今天一整天都黏着她，她再也受不了别人碰她了。她当然可以拒绝他。过夫妻生活这件事给她带来了很大的压力。

小评：在一起有什么不好的？他们俩最近什么也没发生。这不正常。

小友：倒不至于说"什么也没发生"。但是她不想怎么办？强迫自己吗？首要的事情是他们要找回愉悦的感觉。

小评：但她有义务满足他。

小友：胡说八道，这不是义务。他的欲望比她的大，至少现在是这样的，他们都得接受这个事实。他们会讨论该怎么办。

小评：她又自慰了，他却被冷落了。

小友：自慰与夫妻生活并不冲突。她只是需要先找到让自己放松的方式。

小评：那她还需要什么？拥抱吗？

小友：是的，有时仅仅拥抱就够了。她可以慢慢来。

后 记

　　"人非圣贤，孰能无过。"没有一个人是完美的。你不是一台机器，再说机器也不完美！举个例子，我们将这本书的手稿备份了 3 次，就是为了避免因为电脑出问题而前功尽弃。人们都会保护对自己来说重要的东西，就像你会想尽一切办法保护你的孩子一样。

　　我们写这本书并不是想让你放弃努力，破罐子破摔。我们只是想告诉你，如果你把标准降低到一个可以达到的水平，那么一切就会容易一些。如果事情的发展和你的预期不符，请对自己宽容一些。所有妈妈都在同一条战线上，你不是一个人在战斗。你可以像周围其他妈妈一样怜惜自己，这并没有想象中那么难。

　　你在公开、坦诚地与其他妈妈谈论自己怀孕、分娩和育儿的感受时，就会有人与你共情。大家都承受着相似的负担，每个人的内心都住着一个小评，她总是不问青红皂白地批评你，干涉你的生活。此外，你周围还有一些趾高气扬、对你评头论足的人。

　　如果你一直在自责，你就无法成为一个更好的妈妈，只会对自己越来越失望。如果你给予自己更多的关注，你就会意识到，你不仅在批评自己，也在为批评的内容而感到痛苦。有时你可以后退一步，从他人的角度来观察自己的情感世界。举个例子。你脚趾磕伤了，感到疼痛。感受到疼痛的是作为伤者的你，同时作为第三方观察者的你会意识到，作为伤者的你现在正处于疼痛之中。这是一个微小但却至关重要的差别。你不会因为磕伤了脚趾而生气，而会意识到疼痛的存在，并与自己共情。但不是"哦，我真可怜！"的那种共情。那是自我同情，不是共情。与自己共情是这样的："哦，天哪，真疼。我现在哭或生气都是被允许的。"

你可以练习用心体会自己的感受。这真的很值得！它能减轻你的压力，多给你几秒反应时间。例如，当你意识到自己的愤怒时，暂时不要直接表现出来。用心观察自己，这有助于你成为自己的好朋友。给小友足够的空间，同时只给小评非常有限的空间来让你自责。

到目前为止，你的自我对话都是由内心的批评者主导的。无论这些对话只是你脑海中的一种想法，还是已经成为一种折磨你的自责，抑或是真正的大声自言自语，它们一直伴随着你。这种持续不断的对话会降低你的自我价值感，让你觉得自己不够好。

现在，这一切都结束了。你的很多问题都有了答案，你还掌握了很多事实和技巧来阻止小评作威作福。同时，你的身边一直都有一位朋友，她会保护你免受自责，并与你共情、陪伴你，那就是小友——你内心的朋友，你的一部分。当小评伤害你时，你可以像小友那样安慰自己。给自己一个拥抱，就像对待你的孩子一样，并提醒自己，你不一定要完美无缺。原谅自己的错误，好好安慰自己。这是你应得的。

与自己共情就是像善待他人一样善待自己。请把所谓的完美抛到九霄云外，也不要期望别人完美。你会发现，不完美的生活更轻松、更快乐。

The original German edition was published as

Täglich grüßt das Schuldgefühl by Michèle Liussi, Katharina Spangler

Copyright © 2022 humboldt

Die Ratgebermarke der Schlütersche Fachmedien GmbH

Hans-Böckler-Allee 7,30173 Hannover

Simplified Chinese Copyright ©2025 by Beijing Science and Technology Publishing Co., Ltd.

著作权合同登记号　图字：01-2023-2383

图书在版编目（CIP）数据

当妈后别自责 / （德）米歇尔·柳西，（德）卡塔琳娜·施庞勒著；曹颖译. -- 北京：北京科学技术出版社，2025. -- ISBN 978-7-5714-4545-4

Ⅰ．B844.5-49

中国国家版本馆CIP数据核字第2025KQ5186号

策划编辑：李雨薇　　郭　爽　　　　电　　话：0086-10-66135495（总编室）
责任编辑：付改兰　　　　　　　　　　　　　　　0086-10-66113227（发行部）
责任校对：贾　荣　　　　　　　　　　网　　址：www.bkydw.cn
图文制作：旅教文化　　　　　　　　　印　　刷：北京中科印刷有限公司
责任印制：吕　越　　　　　　　　　　开　　本：710 mm×1000 mm　1/16
出 版 人：曾庆宇　　　　　　　　　　字　　数：203 千字
出版发行：北京科学技术出版社　　　　印　　张：17.5
社　　址：北京西直门南大街 16 号　　版　　次：2025 年 6 月第 1 版
邮政编码：100035　　　　　　　　　　印　　次：2025 年 6 月第 1 次印刷
ISBN 978-7-5714-4545-4

定　　价：58.00元